現場で使える！

# Python<sub>パイソン</sub>
# 自然言語処理入門

赤石 雅典、江澤 美保　著

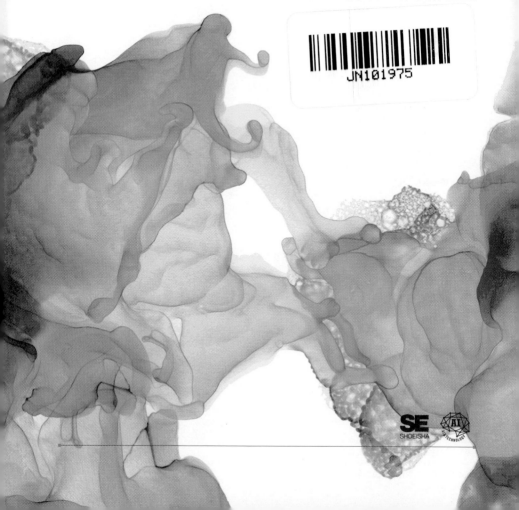

SE
SHOEISHA

AI
AI TECHNOLOGY

## 本書内容に関するお問い合わせについて

このたびは翔泳社の書籍をお買い上げいただき、誠にありがとうございます。
弊社では、読者の皆様からのお問い合わせに適切に対応させていただくため、以下のガイドラインへのご協力をお願いいたしております。
下記項目をお読みいただき、手順にしたがってお問い合わせください。

### ●ご質問される前に

弊社Webサイトの「正誤表」をご参照ください。これまでに判明した正誤情報を掲載しています。

・正誤表
URL　https://www.shoeisha.co.jp/book/errata/

また本書では、著者のほうでサポートページを用意しています。追加情報などは、以下のサイトを参照してください。

・サポートページ
URL　https://github.com/makaishi2/python-text-anl-book-info

### ●ご質問方法

弊社 Web サイトの「刊行物Q&A」をご利用ください。

・刊行物 Q&A
URL　https://www.shoeisha.co.jp/book/qa/

インターネットをご利用でない場合は、FAXまたは郵便にて、下記翔泳社愛読者サービスセンターまでお問い合わせください。電話でのご質問は、お受けしておりません。

### ●回答について

回答は、ご質問いただいた手段によってご返事申し上げます。ご質問の内容によっては、回答に数日ないしはそれ以上の期間を要する場合があります。

### ●ご質問に際してのご注意

本書の対象を越えるもの、記述箇所を特定されないもの、また読者固有の環境に起因するご質問等にはお答えできませんので、予めご了承ください。

### ●郵便物送付先および FAX 番号

送付先住所　〒160-0006　東京都新宿区舟町5
FAX 番号　　03-5362-3818
宛先　　　　㈱翔泳社 愛読者サービスセンター

**はじめに**

## 本書を執筆する「きっかけ」

「テキストマイニング」という言葉に代表されるように、テキスト分析には、長い歴史があり、その中で様々な結果を出してきました。その一方で近年は、AI技術をテキスト分析に適用する流れも出てきています。

そこで従来からのテキスト分析技術と、AI技術を取り入れた新技術を俯瞰するような書籍を作れないだろうかというのが、本書を出す最初のきっかけでした。

幸いにして筆者は、仕事柄IBM Watsonを利用したテキスト分析プロジェクトに数多く関わっており、また最近では金沢工業大学大学院の授業などを通じてOSS系のテキスト分析に関しても、かなり詳しくなりました。

両方の技術がわかってくると、2つの技術の共通の部分と独自の部分も見えてきます。「こうした知見を活かして、1冊の書籍にまとめることができれば、読者の方に役立つ情報を提供できるのではないか」というのが、本書を出すに至った一番の目的ということになります。

## Jupyter Notebook + Python

個別の項目の執筆にあたり、一番強く意識したのは、「現場で使える」という本のタイトルになっているフレーズです。このフレーズを実現するため、本書ではUIツールを使う一部の節を除いて、すべての節の実習はJupyter Notebook対応としました。そして、必要なライブラリの導入後に、Jupyter Notebook上のPythonで［Shift］＋［Enter］キーを押すことを繰り返すだけで、書籍に書いてあるのと同じ結果を出せるよう、構成を工夫しました。

このように意識して執筆してみてわかったことは、本書で言及するようなほとんどのテキスト分析関連のツールは、Python APIが持っていて、大抵のことはJupyter Notebook＋Pythonでできてしまうということです。まだ、「Pythonは習っていない」あるいは「Pythonは使っているけれどもJupyter Notebookはまだ使ってない」という読者の方は、これを機にぜひこの2つを道具（ツール）として使えるようになることをおすすめします。テキスト分析に限らず、いろいろなAI系のタスクがとても簡単に行えるようになり、世界が変わってくるはずです。

## ● 共著者

筆者は、本書が3冊目の執筆なのですが、今回「共著」ということに初めてチャレンジしてみました。共著者としてお願いしたのは、Watson関連ですでに別の書籍を執筆されていた江澤美保氏です。

江澤氏には、前著と同じWatson系機能の執筆（第4章の大部分）をお願いしました。江澤氏は、Watsonの各サービスの細かい機能までよく理解されていて、おかげで、最新のWatson機能をすべて反映した、網羅性の高い書籍になったかと思っています。江澤氏には、この場を借りて御礼申し上げます。

## ● 勘所

本書では、何カ所かに「ＸＸＸの勘所」というコラムを入れています。

本文の息抜きのようにも見えるコラムですが、実は、著者が実際のプロジェクトで経験したことを元にあまりマニュアルなどに記載されてない、「本当にAIプロジェクトをうまく進めるためのツボ」をエッセンスとしてまとめたものです。

中級以上の読者にも役に立つ情報ですので、ここに書かれていることを念頭において、ぜひ実際のテキスト分析プロジェクトを成功させるようにしてください。

## ● BERT

AIの世界は日進月歩です。本書の企画段階では第5章に最新のテキスト分析技術であるWord2Vecの解説を入れて、これを書籍の目玉にしようと考えていたのですが、書籍執筆直前にBERT（Bidirectional Encoder Representations from Transformers）というより新しい技術の発表がありました。まだ発展中の技術で、残念ながら実習を含めることはできなかったのですが、この技術の一番の肝の考え方については、わかりやすく解説しました。こちらに関してもぜひ参考にしてください。

本書を活用して読者が業務で自分が実際にやりたいテキスト分析ができるようになれば、著者としてこんなにうれしいことはありません。

読者の成功を祈念して前書きとさせていただきます。

2019年11月吉日

赤石 雅典

INTRODUCTION **本書の対象読者と必要な事前知識**

　本書は、AIによる自然言語処理について学びたい理工学生・研究者、自然言語処理の実装をしてみたいエンジニアの方を対象としています。

INTRODUCTION **本書の構成**

　本書は全体で5章構成になっています。

　第1章では、テキスト分析の概要をユーザー目線、エンジニア目線の両方から丁寧に解説します。

　第2章では、テキスト分析のタスクを上げ、実際の分析までの具体的な方法を解説します。

　第3章では、AIの発達する前から利用されていたテキスト分析の手法について、MeCabやElasticsearchといったOSSを利用して解説します。

　第4章では、IBM社のWatson APIのAI技術を利用したテキスト分析手法を解説します。

　第5章では、Word2VecというOSSを利用した分析手法や、話題のBERTについて解説します。

INTRODUCTION **本書のサンプルの動作環境**

　本書の第1章から第5章のサンプルは表1の環境で、問題なく動作することを確認しています。

**表1** 本書のサンプルの動作環境

| OS | macOS Mojave 10.14.6 |
| --- | --- |
| Python | 3.7.3 |
| bash | 3.2.57(1)-release |
| Xcode Command Line Tools | 10.3.0.0.1 |
| JDK | jdk-13.0.1_osx-x64_bin.dmg |
| Google Chrome | 78.0.3904.70 |
| Homebrew | 2.1.15 |
| 以下 Homebrew 管理 | |
|     cabocha | 0.69 |
|     crf++ | 0.58 |
|     curl | 7.66.0 |
|     graphviz | 2.42.2 |
|     git | 2.23.0_1 |
|     openssl | 1.1 1.1.1 |
|     mecab | 0.996 |
|     mecab-ipadic | 2.7.0-20070801 |
|     wget | 1.20.3_1 |
| Anaconda（インストーラ） | Anaconda3-2019.10-MacOSX-x86_64.pkg |
| 以下 Anaconda 管理 | |
|     keras | 2.2.4 |
|     tika | 1.19 |
|     beautifulsoup4 | 4.8.0 |
|     requests | 2.22.0 |
|     sparqlwrapper | 1.8.2 |
| pip | 19.2.3 |
| 以下 pip 管理 | |
|     cabocha | 0.1.4 |
|     cabocha-python | 0.69 |
|     elasticsearch | 7.0.5 |
|     gensim | 3.8.1 |
|     ibm-watson | 4.0.1 |
|     janome | 0.3.10 |
|     mecab-python3 | 0.996.2 |
|     naruhodo | 0.2.9 |
|     pydotplus | 2.0.2 |
|     wikipedia | 1.4.0 |

## INTRODUCTION 本書のサンプルプログラム

### ◉ 付属データのご案内

付属データ（本書記載のサンプルコード）は、著者のサイトからダウンロードして入手いただけます。

- **サンプルプログラムのダウンロードサイト**
  URL https://github.com/makaishi2/python-text-anl-book-info

### ◉ サポートページのご案内

本書では、著者のほうでサポートページを用意しています。バージョンアップ情報などは、以下のサイトを参照してください。

- **サポートページ**
  URL https://github.com/makaishi2/python-text-anl-book-info

### ◉ 会員特典データのご案内

会員特典データは、以下のサイトからダウンロードして入手いただけます。

- **会員特典データのダウンロードサイト**
  URL https://www.shoeisha.co.jp/book/present/9784798142685

### ◉ 注意

会員特典データをダウンロードするには、SHOEISHA iD（翔泳社が運営する無料の会員制度）への会員登録が必要です。詳しくは、Webサイトをご覧ください。

### ◉ 免責事項

付属データおよび会員特典データの記載内容は、2019年11月現在の法令等に基づいています。

付属データおよび会員特典データに記載されたURL等は予告なく変更される場合があります。

付属データおよび会員特典データの提供にあたっては正確な記述につとめましたが、著者や出版社などのいずれも、その内容に対して何らかの保証をするものではなく、内容やサンプルに基づくいかなる運用結果に関しても一切の責任を負いません。

　付属データおよび会員特典データに記載されている会社名、製品名はそれぞれ各社の商標および登録商標です。

## ◉ 付属データ・会員特典データの著作権等について

　付属データ・会員特典データの著作権は、次のライセンスで提供します。

### ● 付属データ・会員特典データ：Apache License 2.0

　なお付属データ・会員特典データの著作権は著者が所有しています。上記のライセンスに従った上でご利用ください。

## ◉ 4.3節、4.5節で利用している環境省のデータの著作権について

　4.3節、4.5節の環境省のデータは、環境省ホームページに記載されているコンテンツの利用規約に基づき、作成・利用しています。

### ●「1. 環境省ホームページのコンテンツの利用について」
　　URL　https://www.env.go.jp/mail.html

2019年11月

株式会社翔泳社　編集部

# CONTENTS

---

**Chapter 5** Word2VecとBERT    275

APPENDIX 1 実習で利用するコマンド類の導入 335

APPENDIX 2 Jupyter Notebookの導入手順 339

APPENDIX 3 IBMクラウドの利用手順 345

CONTENTS

# CHAPTER 1 テキスト分析とは

本章ではテキスト分析とは何かの概要を説明します。どのような技術も常に2つの側面を持っていて、技術を使う場合はその両方を意識する必要があります。

1つ目は、「ユーザーから見てその技術はどのように役に立つのか」という観点です。ユースケースと呼ばれることもよくあります。もう1つは、「その技術の裏でどのような要素技術がどのように働いているのか」というエンジニア目線の観点です。

そこで、本章では、1.1節でユーザー目線での特徴を、1.2節でエンジニア目線での主要要素技術をそれぞれ説明していきます。

# 1.1 テキスト分析の目的

テキスト分析を何のために行うか、突き詰めて考えていくと、「見つけ出すこと」と「発見すること」に集約することができます。本節では、この2つが、どのようなことを意味するのか具体的なユースケースを交えて説明します。

## 1.1.1 非定型データと定型データ

本書は、「テキスト分析」をテーマにした書籍です。では、そもそも「テキスト分析」とは何なのでしょうか？　この説明をする際に重要な概念として「定型データ」と「非定型データ」の区別があります。

図1.1.1 を見てください。「定型データ」とは例えば「身長」167（cm）、「体重」60（kg）、あるいは「性別」男性　のように、データベースの項目として表現できるデータのことをいいます。コンピュータはもともと、定型データの扱いが得意なので、このようなデータベースの項目になっているデータに対しては、「分析」という処理を簡単に行うことができます[※1]。

しかし、コンピュータに蓄積されている情報はすべてがこのように扱いやすい形になっているわけではありません。

例えば、次のような文章を考えてみます。

「山田太郎さん（男性 58歳）は、今年の健康診断の結果、身長が167cm、体重が60kgだった。」

人間がこの文章を読めば、上と同じ定型データとしての情報を抽出できるのですが、コンピュータに対してテキストデータをそのまま渡しても、同じ処理はできないのです。ここで、「タグ付け」と呼ばれるテキスト分析の技術を利用する必要が出てきます。

この問題の一番本質的は部分は、元データが特に形式の定まっていない（「自然言語文」と呼びます）形式で保存されているという点で、このような形式のデータのことを「非定型データ」と呼びます。

---

※1　例えば10000人分のデータを集めて、「男性の平均身長は170cmである」とか「身長の最大値は205cmである」といったことが分析結果の一例です。
　　　いったん定型データの形で得られれば、コンピュータはこういう分析を一瞬で行うことができます。

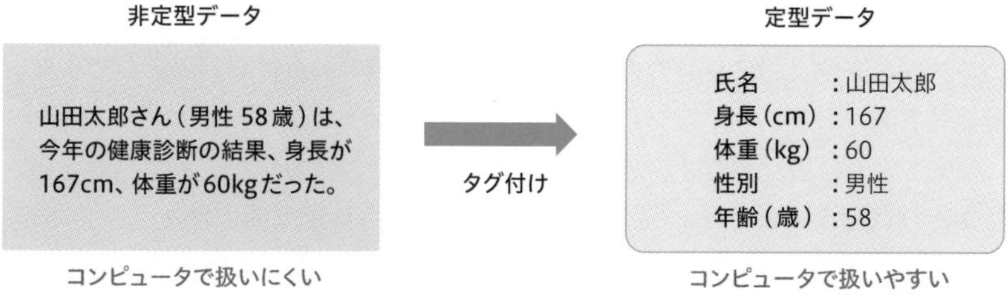

非定型データ　　　　　　　　　　　　　　　　　　定型データ

| 山田太郎さん（男性 58 歳）は、今年の健康診断の結果、身長が167cm、体重が60kgだった。 | タグ付け → | 氏名　　　：山田太郎<br>身長(cm)：167<br>体重(kg)：60<br>性別　　　：男性<br>年齢（歳）：58 |

コンピュータで扱いにくい　　　　　　　　　　　コンピュータで扱いやすい

**図1.1.1** 非定型データと定型データ

　テキストデータ以外に典型的な非定型データの例としては画像データと音声データがあります。テキストデータを含めて、いずれもAI技術の発達に伴い、注目を浴びている分析対象データであることがわかると思います。

　これら3種類のデータに代表される「非構造化データ」は、企業をはじめ世の中に蓄積されている全デジタルデータの約8割を占めているといわれています。しかし、今までは分析の手がかりがなかったため、貯めるだけで活用されることがあまりなかったのです。

　AI技術を駆使して、初めてこうしたデータの分析が可能になるわけで、その重要な要素技術の1つが「テキスト分析」であるということができます。

　それでは、非定型データとしてのテキストデータをコンピュータで扱うことで、業務的にはどのような効果が期待できるのでしょうか？　非常にハイレベルな観点でいうと、「見つけ出す」ことと、「発見する」ことがあると考えられます。それぞれに関して、具体的なユースケースを通じて説明していきます。

## 1.1.2　見つけ出す

　大量の検索対象データの中から、ある特定の条件を満たすものを選び出して、何か業務目的に役立てる利用方法となります。

　こうした技術は「検索」と呼ばれ、「検索エンジン」というソフトウェアで実装されています。

### ● サービスエンジニアのマニュアル検索

　ある製品のサービスエンジニアの業務を考えます（**図1.1.2**）。製品が故障したという報告を受けて現場に行くわけですが、現場にいって初めてわかる事象（故障の状況、エラーメッセージなど）から、どんな故障が起きたかを判断し、事象別の対策を実施します。ベテランのエンジニアであれば、過去の事象がすべて頭

の中にあり、どんな故障かの判断も瞬時にできるかもしれませんが、経験の少ないエンジニアや、ベテランであっても新製品の故障の場合は同じ対応ができない可能性もあります。

　従来であれば製品保守マニュアルを利用していたわけですが、新製品が発売されるたびに増える保守マニュアルを全部持ち歩くのは現実的ではありませんし、分厚いマニュアルから該当箇所を見つけ出すのも簡単ではありません。

　このような場合、膨大なマニュアル群の中から、障害の事象やエラーコード、製品名などを手がかりに該当文書を見つけることができれば便利です。

図1.1.2　サービスエンジニアのマニュアル検索

## ● ヘルプデスク業務の情報検索

　もう1つの非定型データである音声情報と組み合わせたユースケース例です（ 図1.1.3 ）。

　ヘルプデスクで、顧客からの問い合わせを受けるオペレータは、顧客の質問を復唱します。この復唱の音声を、リアルタイムに音声認識モデルにかけて、テキスト変換します。さらにこのテキスト情報をキーワードとして、ヘルプデスク応対用の業務データを検索します。オペレータは、電話で顧客の応対をしながら、自動的に必要な情報にアクセスし、顧客に対するサービスレベルを向上させることが可能です。

顧客対応に集中しながら、必要な情報へアクセスしたい

業務マニュアル

用語集

**図 1.1.3** ヘルプデスク業務の情報検索

## 1.1.3　発見する

　1.1.2項で紹介した「見つけ出す」は、基本的に「検索」という従来からあった技術に基づくユースケースでした。これに対してより難易度は高いが効果も大きいのが、「発見する」というユースケースです。対象のテキスト文書から、何らかの情報を抽出します。そして、この抽出した情報を手がかりに、何らかの知見を得ることが可能になります。

　具体的なケースを以下の2つの事例で示します。

### ● 製品に関する要望を取得し新しい企画に活用する

　ある企業の製品企画担当者を想定してください（**図1.1.4**）。この担当者の職務は、製品の改善や、新製品の企画立案になります。実は、現在は製品企画に関して参考になる情報は至る所に散在しています。TwitterなどSNSでの評判、お客様から企業に届くメール、代理店からの情報あるいは直営店からの情報などです。そのほとんどは非定型データとしてのテキスト情報になっていると考えられます。そして、この場合も母集団としての元データは膨大な量であることがほとんどです。

　もし、この膨大な元データから必要な情報だけを効率よく抽出できれば、それは製品改善や新製品企画に非常に有用な情報となると予想されます。

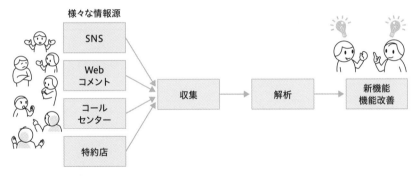

図1.1.4 製品に関する要望を取得し新しい企画に活用する

## ● クレーム情報から特定の製品の障害を見つける

　ある企業のコールセンターでは、コール毎に顧客との応対の概要を記録していました（図1.1.5）。この記録に対して対象製品、障害部位などの情報を抽出し、その後で統計処理を行うと、出荷したばかりの新製品のパソコンに限って、特定の部品（サウンドボード）が高い確率で故障していることがわかりました。

　この知見に基づいて、製造工程を見直し、大きな問題になる前にパソコンの品質改善に役立てることができた事例があります。

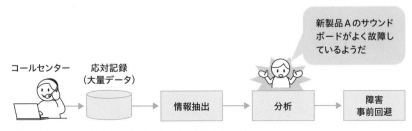

図1.1.5 クレーム情報から特定の製品の障害を見つける

　このような利用形態は従来「テキストマイニング」とも呼ばれていました。今までの説明でテキストマイニングを行うためには、膨大な対象文書の中から注目する部分（単語や句など）を抽出する機能が重要になることがわかります。このような機能は「タグ付け」とも呼ばれ、テキスト分析の中で重要な技術の1つとなっています。

　本書でこれから紹介するテキスト分析の様々な技術は、基本的に上で説明したユースケースのどちらかに該当する目的を持っています。本書を読んでいく上で、このことを意識すると、それぞれの技術と利用イメージの対応がついて、実用化もしやすくなります。

# 1.2 テキスト分析の要素技術

テキスト分析を行うためには、単語の区切りを見つけるようなミクロレベルの分析から、膨大な量の文書全体を統計的に分析して知見を得る手法のようにマクロレベルの分析まで、様々な技術を総合して利用する必要があります。

本節では、その見取り図（ 図1.2.1 ）を示し、今後のテキスト分析の学習に際して、自分が勉強している箇所が、全体でどこに位置しているのかを、わかるようにします。

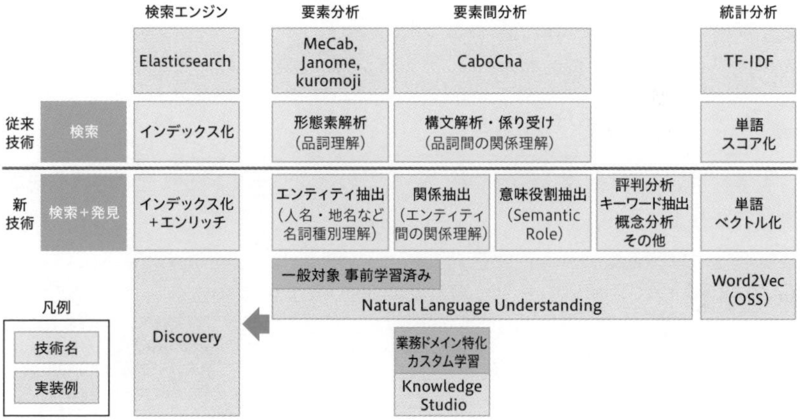

|  | | 検索エンジン | 要素分析 | 要素間分析 | | | 統計分析 |
|---|---|---|---|---|---|---|---|
| | | Elasticsearch | MeCab, Janome, kuromoji | CaboCha | | | TF-IDF |
| 従来技術 | 検索 | インデックス化 | 形態素解析（品詞理解） | 構文解析・係り受け（品詞間の関係理解） | | | 単語スコア化 |
| 新技術 | 検索+発見 | インデックス化＋エンリッチ | エンティティ抽出（人名・地名など名詞種別理解） | 関係抽出（エンティティ間の関係理解） | 意味役割抽出（Semantic Role） | 評判分析キーワード抽出概念分析その他 | 単語ベクトル化 |
| | | | 一般対象 事前学習済み Natural Language Understanding | | | | Word2Vec（OSS） |
| | | Discovery | 業務ドメイン特化カスタム学習 Knowledge Studio | | | | |

凡例
技術名
実装例

図1.2.1 テキスト分析技術の俯瞰図

## 1.2.1 テキスト分析技術の全体像

図1.2.1 を見てください。この図は、テキスト分析を要素技術の観点で俯瞰的に示したものです。

まず縦軸の説明をします。

太線で区切りがありますが、太線より上は、テキスト分析の領域で従来からあった技術、太線より下はここ10年余りのAI技術の発達で新たにできた技術を並べています。太線より下の新技術に関しては、各社で提供されているクラウド上のAPIサービスなどが該当しています。本書では、その具体的な実装としては、カバーしている範囲が最も広いことからIBM社のクラウドサービスを中心に紹介することとします。

太線より下の新技術で、唯一OSSで提供されているものがWord2Vecです。この技術は2014年に発表され、使いやすさと利用範囲の広さから非常に多くのテキスト分析サービスの内部で使われています。

次に横軸を説明します。

1.1節で説明したユースケースとの関連でいうと、「見つけ出す」に対応するのが、一番左の「検索エンジン」と呼ばれる実装技術になります。

ユースケース「発見する」のためには「タグ付け」と呼ばれる技術が必要ですが、 図1.2.1 でいうと「要素分析」「要素間分析」列がその技術に該当します。

一番右の「統計分析」というのは、かなり特殊な領域です。目的は単語の特性を調べることなのですが、そのために分析対象の文書全体を利用する手法を用います。先ほど紹介した新技術Word2Vecも、非常にこの考え方に近い発想でできた技術なので、この列に表記しました。

## 🔵 1.2.2　本書の構成

本書の構成もまた、 図1.2.1 に基づいたものとなります。それぞれの概略を簡単に紹介します。

### ◉ 第2章

読者がこれからテキスト分析を始めたいというときに、避けて通れない問題が2つあります。

1つが分析対象となるテキスト文の入手方法、もう1つが形態素解析（日本語を意味のある単語で区切る技術）です。この2つについては、テキスト分析技術そのものではないのですが、必要な前提技術として第2章で詳しく解説することにしました。

### ◉ 第3章

第3章では 図1.2.1 の太線より上の従来型技術をまとめて紹介します。

検索エンジンの実装としては、最近よく利用されているOSSの検索エンジンであるElasticsearchを取り上げました。Elasticsearchで日本語を取り扱う場合、形態素解析はkuromojiになります。そこでElasticsearchでkuromojiを使う場合の方法についても説明しました。

また、従来からあった技術である「係り受け」の説明のためCaboChaも取り上げています。さらに検索結果の表示順を決める指標である「スコアリング」の

ためのアルゴリズムの1つである TF-IDF についても解説しました。

## ● 第4章

第4章では、IBM社の商用APIである Watson API サービスの機能を紹介しています。

具体的に取り上げているのは NLU（Natural Language Understanding）、Knowledge Studio、Discovery です。

機能という観点でいうと、タグ付けを行うのが NLU と Knowledge Studio で、検索エンジンに該当するのが Discovery になります。

## ● 第5章

第5章では、最近注目されている技術として Word2Vec とその関連技術を取り上げました。簡単に試せる実習も取り上げていますので、ぜひ実習を通じて Word2Vec を理解するようにしてください。

## ● 5.5節 BERT

読者のみなさんは BERT という言葉を聞いたことがあるでしょうか？

2018年10月に Google 社が発表したテキスト分析に関する新技術の名称で、従来のテキスト分析の世界を一変させる可能性のある画期的な技術です。まだ、出たばかりで実習を作るところまでできませんでしたが、5.5節でできるだけわかりやすく解説記事を書きましたので、参考とされてください。

# CHAPTER 2 日本語テキスト分析： 前処理の勘所

テキスト分析にあたっては、テキスト入手、形態素解析、辞書の準備など、
実際の分析の前処理にあたるタスクが多数あります。

また、その中には日本語固有の話も数多く存在します。本章では、このよ
うなタスクにどういうものがあるのか、また具体的に何を行う必要がある
のかについて解説します。

## 2.1 テキストの入手

「テキスト分析」というぐらいなので、分析の出発点はテキストです。しかし、いざ、「分析を始めよう」とするときに気付きますが、分析の対象としてすぐに利用可能なテキストは意外と少ないものなのです。本節では、そのようなテキストをどのようにして入手できるかを紹介します。

### 2.1.1 分析対象テキストの条件

分析対象のテキストとして必要な条件を列挙してみます。

**（1）プレーンテキスト文であること**

本書ではテキスト分析をPythonのコーディングで行うことを前提とします。人間であれば対象がWordでもPDFでもWebページでもすべて「文書」として認識可能です。しかし、プログラムはこのように器用に複数の形式を対象とすることはできず、基本的に「プレーンテキスト」となっている必要があります。このためには、元の文書を何らかの形で変換する必要があります。対象がWeb文書の場合も、データとしての実態はHTML形式になっているため、同じような変換が必要です。

**（2）権利の問題をクリアしていること**

基本的に公開されている自然言語文は、必ず著者がいて、著作権により著者の権利は保護されます。文章を分析するということは、元の自然言語文の二次利用に該当するので、その利用が認められるかどうかは、個別に判断が必要なこととなります。公開されている文章なら無条件に二次利用が可能というわけではないので、注意が必要です。

**（3）文章の品質が一定であること**

テキスト分析では、元の文書から必要な情報を抽出するため、統計的な処理を行う場合がよくあります。このときに課題となるのが文章そのものの品質です。表記の揺れが大きかったり、文意が取りにくい文章を対象に統計的処理を行うと、結果の品質が低下する原因になりがちです。品質が一定に保たれている文章の例として新聞、雑誌等の記事があります。

本節では、これらの条件を満たすテキストの入手方法をできるだけ具体的に示すことにします。

## 2.1.2　青空文庫

青空文庫とは著者の死後一定の年数が経過し著作権が消滅した作品や、著者が許諾した作品のテキストを公開しているインターネット上の電子図書館のことです。夏目漱石、芥川龍之介など、超一流の作家の作品が数多く存在していて、上で説明した（2）、（3）の条件は問題なくクリアできていることがわかります。

作品は、SJISコードのzipファイルとして公開されています。

作品は青空文庫トップページ（ URL https://www.aozora.gr.jp）からインデックスをたどってダウンロードすることができます。

下記に、夏目漱石の「三四郎」を対象として、このzipファイルからPythonで解析可能なプレーンテキストを得るためのサンプルコードを記載しました（ リスト2.1.1 ）。このコードにおいて注意すべき点は以下の通りです。

### ● ファイルのダウンロードとzipファイルの解凍

ファイルのダウンロードとzipファイルの解凍は、それぞれwgetやunzipというコマンドで行えます。しかし、データ処理に外部コマンドとPythonのコードを混在させると管理が煩雑になるので、すべてPythonからコーディングで実行することにしました。

具体的にはwgetの代わりにurllibライブラリを、unzipの代わりにzipfileライブラリを利用しています。

macOS/UNIXで使うほとんどの外部コマンドは、だいたいこのようにPythonのAPIとしても提供されていることが多いです。

### ● ファイル読み込み時のコード変換

青空文庫で提供されているテキストはSJISコードになっています。一方、Pythonでデータ処理をするときの前提は文字列がUnicodeであることです（厳密にはUnicodeベースの内部表現形式）。

ファイルを読み込むときのストリームをopen関数でオープンするとき、encoding='sjis'のオプションを付けることで、この変換を自動的に行っています。

In

```
# リスト 2.1.1
# 青空文庫からテキストを抽出 （夏目漱石　三四郎）

# zipファイルのダウンロード
url = 'https://www.aozora.gr.jp/cards/000148/files/➡
794_ruby_4237.zip'
zip = '794_ruby_4237.zip'
import urllib.request
urllib.request.urlretrieve(url, zip)

# ダウンロードしたzipファイルの解凍
import zipfile
with zipfile.ZipFile(zip, 'r') as myzip:
    myzip.extractall()
    # 解凍後のファイルからデータの読み込み
    for myfile in myzip.infolist():
        # 解凍後にファイル名を取得
        filename = myfile.filename
        # ファイルのオープン時にencodingを指定してsjisの変換をする
        with open(filename, encoding='sjis') as file:
            text_org = file.read()
```

## ● テキスト内容の確認

　これで、Pythonで取り扱い可能な文字列として text_org が取得できたので、その文頭部分と文末部分を表示してみます（ リスト2.1.2 ）。

リスト2.1.2 テキスト内容の確認（ch02-01-01.ipynb）

In

```
# リスト 2.1.2
# テキスト内容の確認

print(' 【整形前文頭部分】 ')
print(text_org[:600])
```

日本語テキスト分析：前処理の勘所

```
# 区切り表示
print()
print('*' * 100)
print()

print('【整形前文末部分】')
print(text_org[-300:])
print('*' * 100)
print()
```

**Out**

```
【整形前文頭部分】
三四郎
夏目漱石


----------------------------------------------------------

【テキスト中に現れる記号について】

《》：ルビ
(例) 頓狂《とんきょう》

｜：ルビの付く文字列の始まりを特定する記号
(例) 福岡県｜京都郡《みやこぐん》

[#]：入力者注　主に外字の説明や、傍点の位置の指定
　　　(数字は、JIS X 0213の面区点番号またはUnicode、底本のページと行数)
(例) ※［＃「魚＋師のつくり」、第4水準2-93-37］

〔〕：アクセント分解された欧文をかこむ
(例) 〔ve'rite'《ヴェリテ》vraie《ヴレイ》.〕
アクセント分解についての詳細は下記URLを参照してください
http://www.aozora.gr.jp/accent_separation.html
----------------------------------------------------------

[#7字下げ]　一［＃「一」は中見出し］

　うとうととして目がさめると女はいつのまにか、隣のじいさんと話を始めてい➡
る。このじいさんはたしかに前の前の駅から乗ったいなか者である。発車まぎわに➡
頓狂《とんきょう》な声を出して駆け込んで来て、いきなり肌《はだ》をぬいだと➡
```

思ったら背中にお灸《きゅう》のあとがいっぱいあったので、三四郎《さん

\*\*\*\*\*\*\*\*\*\*\*\*\*\*\*\*\*\*\*\*\*\*\*\*\*\*\*\*\*\*\*\*\*\*\*\*\*\*\*\*\*\*\*\*\*\*\*\*\*\*

【整形前文末部分】
も答えなかった。ただ口の中で迷羊《ストレイ・シープ》、迷羊《ストレイ・シー➡
プ》と繰り返した。


底本：「三四郎」角川文庫クラシックス、角川書店
　　　1951（昭和26）年10月20日初版発行
　　　1997（平成9）年6月10日127刷
初出：「朝日新聞」
　　　1908（明治41）年9月1日〜12月29日
入力：古村充
校正：かとうかおり
2000年7月1日公開
2014年6月19日修正
青空文庫作成ファイル：
このファイルは、インターネットの図書館、青空文庫（http://www.aozora.➡
gr.jp/）で作られました。入力、校正、制作にあたったのは、ボランティアの皆➡
さんです。


\*\*\*\*\*\*\*\*\*\*\*\*\*\*\*\*\*\*\*\*\*\*\*\*\*\*\*\*\*\*\*\*\*\*\*\*\*\*\*\*\*\*\*\*\*\*\*\*\*\*

## ● テキストの整形

**リスト2.1.2** の結果を見て次のことがわかります。


● 文頭・文末のデータ

文頭、文末には、一定の書式で本文以外の情報が含まれています。テキスト分析を行う場合、これらの情報は除去する必要があります。


● ルビ・注釈

本文の中にもルビ・注釈といった形で一部追加情報が埋め込まれています。テキスト分析時には、これらの情報も除去する必要があります。

リスト2.1.3 にこれらのデータを除去するためのサンプルコードを記載します。
Pythonの正規表現モジュール re を利用して正規表現マッチングでこの処理を
行っています。

リスト2.1.3 テキストの整形（ch02-01-01.ipynb）

In

```python
# リスト 2.1.3
# テキストの整形

import re
# ヘッダ部分の除去
text = re.split('\-{5,}',text_org)[2]
# フッタ部分の除去
text = re.split('底本：',text)[0]
# | の除去
text = text.replace('|', '')
# ルビの削除
text = re.sub('《.+?》', '', text)
# 入力注の削除
text = re.sub('［＃.+?］', '',text)
# 空行の削除
text = re.sub('\n\n', '\n', text)
text = re.sub('\r', '', text)
```

## ● 整形結果の確認

ここで整形結果後の文字列textの文頭部分、文末部分の表示を行ってみます
（ リスト2.1.4 ）。きれいに小説の本文部分が抽出できていることがわかると思いま
す。

リスト2.1.4 整形結果の確認（ch02-01-01.ipynb）

In

```python
# リスト 2.1.4
# 整形結果の確認

# 頭の100文字の表示
print('【整形後文頭部分】')
```

```
print(text[:100])

# 区切り表示
print()
print('*' * 100)
print()

# 後ろの100文字の表示
print('【整形後文末部分】')
print(text[-100:])
```

**Out**

【整形後文頭部分】

―

　うとうととして目がさめると女はいつのまにか、隣のじいさんと話を始めてい➡
る。このじいさんはたしかに前の前の駅から乗ったいなか者である。発車まぎわに➡
頓狂な声を出して駆け込んで来て、いきなり肌をぬい

****************************************************************

【整形後文末部分】
評に取りかかる。与次郎だけが三四郎のそばへ来た。
「どうだ森の女は」
「森の女という題が悪い」
「じゃ、なんとすればよいんだ」
　三四郎はなんとも答えなかった。ただ口の中で迷羊、迷羊と繰り返した。

## 🔷 2.1.3　Wikipedia APIの利用

　PythonではWikipediaアクセス用のAPIがあり、これを利用するとWikipedia
の文書を簡単に入手できます。本項では、そのAPIを実際に動かしてみましょう。

## Wikipedia文書の二次利用について

Wikipediaの記事を分析対象として利用する場合に注意すべき点があります。Wikipediaでは、商用目的での文書の再利用も認められていますが、再利用に際しては下記リンク先の規則を遵守する必要があります。利用時にはこの点に注意するようにしてください。

- **ウィキペディアを二次利用する**
  URL https://ja.wikipedia.org/wiki/Wikipedia:ウィキペディアを二次利用する

## ● モジュールの追加導入

以降のJupyter Notebookのコードを実行する前に、次のモジュールの追加導入が必要です。導入後、再度Jupyter Notebookを起動してください。

**［ターミナル］**

```
$ pip install wikipedia
```

## ● Wikipediaのサマリー文の入手

Wikipediaのサマリー文を入手するためには、リスト2.1.5 のように、summary関数を呼び出します。

リスト2.1.5 Wikipediaのサマリー文の入手（ch02-01-05.ipynb）

In

```
# リスト 2.1.5
# Wikipediaのサマリー文の入手

import wikipedia
wikipedia.set_lang("ja")
text = wikipedia.summary('草津温泉',auto_suggest=False)
print(text)
```

草津温泉（くさつおんせん）は、日本の群馬県吾妻郡草津町草津界隈（江戸時代に➡
おける上野国吾妻郡草津村界隈、幕藩体制下の上州御料草津村界隈〈初期は沼田藩➡
知行〉）に所在する温泉である。草津白根山東麓に位置する。
日本を代表する名泉（名湯）の一つであり、万里集九と林羅山は日本三名泉の一つ➡
に数えた（cf. 1502,1662）。江戸時代後期以降何度も作られた温泉番付の格➡
付では、当時の最高位である大関（草津温泉は東大関）が定位置であった（cf. ➡
1817）。

## ● Wikipediaの全文の入手

Wikipediaの全文を入手するには、同じようにpage関数を呼び出します
（ リスト2.1.6 ）。

**リスト2.1.6** Wikipediaの全文の入手（ch02-01-05.ipynb）

**In**

```
# リスト 2.1.6
# Wikipediaの全文の入手

import wikipedia
wikipedia.set_lang("ja")
page = wikipedia.page('草津温泉',auto_suggest=False)
print(page.content)
```

**Out**

草津温泉（くさつおんせん）は、日本の群馬県吾妻郡草津町草津界隈（江戸時代に➡
おける上野国吾妻郡草津村界隈、幕藩体制下の上州御料草津村界隈〈初期は沼田藩➡
知行〉）に所在する温泉である。草津白根山東麓に位置する。
日本を代表する名泉（名湯）の一つであり、万里集九と林羅山は日本三名泉の一つ➡
に数えた（cf. 1502,1662）。江戸時代後期以降何度も作られた温泉番付の格➡
付では、当時の最高位である大関（草津温泉は東大関）が定位置であった（cf. ➡
1817）。


== 名称 ==
「草津温泉（くさつおんせん）」も古くからの名称であるが、かつては、「草津湯 /➡
草津の湯（くさつのゆ）」、あるいは、上野国の異称である「上州」を冠して「上州➡
草津湯 / 上州草津の湯」と呼ぶことが多かった。現在でもこれらを踏襲した雅称➡

「草津の湯」「上州草津の湯」は頻用される。また、「上州草津温泉」という名称も➡
現在では用いられるが、この表現は雅称的ニュアンスのほかに、他地域の「草津」➡
や「草津温泉」という紛らわしい地名（※「#上州草津と他の草津」節を参照）と➡
明確に区別する意図を含んでいる場合がある。

当地における「草津」という地名の語源は、温泉の硫化水素臭の強いがゆえに、➡
「臭水（くさみず、くさうず、くそうず）」にあるとされる。また、臭處（くさと）➡
という説もある。草津山光泉寺の縁起は、『大般若波羅蜜多経』（通称・大般若経）➡
の一節「南方有名湯是草津湯」が由来であると説いているが、大般若経にはこのよ➡
うな節はなく、俗説である。同寺には、源頼朝が当地を訪ねた折りに、草を刈った➡
ところ湯が出たという話も伝わっているが、後述するように史実性は疑わしく、民➡
間語源であろう。

なお、草津温泉を、上毛かるたの「く」の札で「草津（くさづ）よいとこ薬の温泉➡
（いでゆ）」と歌っているのは、地元で「草津」を「くさづ」と読むからで、温泉水➡
の持つ強い硫化水素臭から「くそうづ」と呼ばれたことが今日の地名の由来である➡
という説がある。

　　　　　（以下略）

## ● auto_suggest オプションについて

　Wikipedia API を利用する際は、常に auto_suggest=False のオプション
を付けて利用してください。このオプションの意味について簡単に説明します。

　auto_suggest オプションは、検索結果が複数件ヒットした場合、Wikipedia
API は「一番確からしい」と判断した結果を自動的に選択して、返すかどうかを
指定するオプションで、デフォルトでは True になっています。このため、この
オプションを指定しないとユーザーが意図しない結果が返ってくることがありま
す。例えば、このオプションを指定せずに赤倉温泉を検索すると リスト2.1.7 のよ
うな結果が返ってきます。

リスト2.1.7 「赤倉温泉」をオプション指定なしに検索（ch02-01-05.ipynb）

In

```python
# リスト 2.1.7
# 「赤倉温泉」をオプション指定なしに検索

text = wikipedia.summary('赤倉温泉')
print(text)
```

最上町（もがみまち）は、山形県の北東部にある町。

リスト2.1.7 の検索結果は実際のWikipediaで確認するとわかるように「最上町」の内容となっています。この説明文の中に「赤倉温泉」が含まれていたため、誤ってその結果が返ってきています。

今度は`auto_suggest=False`のオプションを付けて同じ検索をしてみましょう。実際のコードは リスト2.1.8 になります。

リスト2.1.8 auto_suggest=Falseのオプションを付けて「赤倉温泉」を検索（ch02-01-05.ipynb）

**In**

```
# リスト 2.1.8
# auto_suggest=Falseを付けて「赤倉温泉」を検索

text = wikipedia.summary('赤倉温泉',auto_suggest=False)
print(text)
```

**Out**

```
DisambiguationError: "赤倉温泉" may refer to:
赤倉温泉 （新潟県）
赤倉温泉 （山形県）
```

実はWikipedia上では赤倉温泉は新潟県と山形県と2つ登録されていたため、あいまいで判断ができないというエラーが戻ってきました。この場合は、県名まで含めた形で検索する必要があることがわかります。 リスト2.1.9 には、この点まで配慮した正しい検索方法と、その結果を示します。

リスト2.1.9 県名まで指定した赤倉温泉の検索（ch02-01-05.ipynb）

**In**

```
# リスト 2.1.9
# 県名まで指定した赤倉温泉の検索

text1 = wikipedia.summary('赤倉温泉 （山形県）',auto_suggest➡
=False)
print(text1)
```

```
text2 = wikipedia.summary('赤倉温泉（新潟県）',auto_suggest➡
=False)
print(text2)
```

**Out**

赤倉温泉（あかくらおんせん）は、山形県最上郡最上町（旧国出羽国、明治以降は➡
羽前国）にある温泉。

赤倉温泉（あかくらおんせん）は、新潟県妙高市（旧国越後国）にある温泉。スキ➡
ー場が有名で、この地域では随一の温泉街を形成する。妙高戸隠連山国立公園区域➡
内にある。

## 2.1.4　PDF、Wordなどからの入手

　分析対象テキストが社内文書の場合、データはWordやPDFなどの形式に
なっていることが多いと思います。このような場合、どのようにしてテキスト情
報を抽出できるでしょうか？

　第4章で紹介するDiscoveryでは、製品機能としてWordやPDFなどからの
データ取込み機能を持っていますが、OSSを利用する場合**Apach Tika**を使う
ことが多いです。

　以下では、TikaのPython APIを利用して、Python内からPDFやWordの文
書を抽出するためのサンプルコードを示します。

### ● JDKの導入

　Tikaを使うためには、JDKを導入する必要があります。コマンドラインから、

[ターミナル]

```
$ java -version
```

として実行してください。「javaコマンドラインツールを使用するには、JDKを
インストールしてください」というメッセージが表示された場合は、以下のサイ
トからJDKのダウンロードと導入を行ってください。

## ◉ Tika Python APIの導入

Tika Python APIは以下のcondaコマンドで導入可能です。Tika本体の導入もバックエンドで同時に行われるので、別途Tikaを導入する必要はありません。

**[ターミナル]**

```
$ conda install -c conda-forge tika
```

## ◉ PDFファイルの読み込み

PDFファイルの読み込みは、Tikaの関数 `parser.from_file` により行います。 リスト2.1.10 のサンプルは、URLを引数にしていますが、同じ形式でローカルファイルの読み込みも可能です。

セルの実行時はバックエンドでJava経由でTikaサーバーが起動します。そのため処理に数分の時間がかかりますので、注意してください。

リスト2.1.10 PDFファイルの読み込み (ch02-01-10.ipynb)

**In**

```
# リスト 2.1.10
# PDFファイルの読み込み

from tika import parser
pdf = 'https://github.com/makaishi2/text-anl-samples/➡
raw/master/pdf/sample.pdf'
parsed = parser.from_file(pdf)
```

**Out**

```
2019-05-12 11:57:56,954 [MainThread  ] [INFO ] ➡
Retrieving https://github.com/makaishi2/text-anl-➡
samples/raw/master/pdf/sample.pdf to /var/folders/2y/➡
pfklj4fs4vx3580dt87dxxc00000gn/T/https-github-com-➡
makaishi2-text-anl-samples-raw-master-pdf-sample-pdf.
(…略…)
```

## ● 読み込み結果の確認

まず、parsed変数をprintして取得した情報全体を確認します（リスト2.1.11）。

リスト2.1.11 PDF読み込み結果の確認（ch02-01-10.ipynb）

**In**

```python
# リスト2.1.11
# PDF読み込み結果の確認

import json
print(json.dumps(parsed, indent=2, ensure_ascii=False))
```

**Out**

```
{
  "status": 200,
  "content": "\n\n\n\n\n\n\n\n\n\n\n\n\n\n\n\n\n\n\n
\n\n\n\n\n\n\n\n\n\n\n\n\n\n\n\nMicrosoft ➡
Word - sample.docx\n\n\n現場で使える AI による自然言語処理入門 ➡
\n \n 本書は、Pythonを利用して、人工知能分野で注目されている自然言語の➡
分析手法を\n\n解説した書籍です。 \n\n 従来技術と新技術を比較しつつ、イ➡
ンデックス化、エンティティ抽出、関係抽出、構文解\n\n析、評判分析まで、実➡
際のコードを交えながら解説します。 \n\n \n\n1 章テキスト分析とは ➡
\n1.1 テキスト分析の目的 \n\n1.2 テキスト分析の要素技術 \n\n \n\n➡
第 2 章 日本語テキスト分析 前処理の勘所 \nテキスト分析にあたっては、テ➡
キスト入手、形態素解析、辞書の準備など、実際の分析の\n\n前処理にあたるタ➡
スクが多数あります。 また、その中には日本語固有の話も数多く存在し\n\nま➡
す。 本章では、このようなタスクとしてどういうものがあるか、また具体的に何➡
を行う必要\n\nがあるのかについて解説します。 \n\n2.1 テキスト入手 ➡
\n\nテキスト分析」 というぐらいなので、分析の出発点はテキストです。しか➡
し、いざ、\n\n分析を始めようとして気付きますが、分析の対象としてすぐに利➡
用可能なテキス\n\nトは意外と少ないものなのです。本節では、そのようなテキ➡
ストをどうやって入手\n\nできるかを紹介します。 \n\n2.2 形態素解析 ➡
\n\n \n\n2.3 辞書 \n\n \n\n \n \n\n\n",
  "metadata": {
    "Content-Type": "application/pdf",
    "Creation-Date": "2019-05-12T02:52:40Z",
    "Keywords": "",

    (…略…)
```

```
    "subject": "",
    "title": "Microsoft Word - sample.docx",
    "xmp:CreatorTool": "Word",
    "xmpTPg:NPages": "1"
  }
}
```

## ● 読み込み結果部分の表示

リスト2.1.11 の 結 果 か ら、parsed変 数 の 要 素 ['content'] に 本 文 が、
['metadata']['title'] に文書タイトルが入っていることがわかります。
実際にこれで必要な部分が抽出できることを確認してみます。contentに関し
ては.replace('\n', '')関数で余分な改行コードも取り除くことにしま
す。

リスト2.1.12 PDF タイトルの表示 (ch02-01-10.ipynb)

In

```
# リスト 2.1.12
# タイトルの表示

print(parsed['metadata']['title'])
```

Out

```
Microsoft Word - sample.docx
```

リスト2.1.13 PDF コンテンツの表示 (ch02-01-10.ipynb)

In

```
# リスト 2.1.13
# PDF コンテンツの表示

print(parsed['content'].replace('\n', ''))
```

**Out**

> Microsoft Word – sample.docx現場で使える AI による自然言語処理➡
> 入門　　本書は、Pythonを利用して、人工知能分野で注目されている自然言語の➡
> 分析手法を解説した書籍です。　　従来技術と新技術を比較しつつ、インデックス➡
> 化、エンティティ抽出、関係抽出、構文解析、評判分析まで、実際のコードを交え➡
> ながら解説します。　　1 章テキスト分析とは　1.1 テキスト分析の目的　1.2 ➡
> テキスト分析の要素技術　第 2 章　日本語テキスト分析　前処理の勘所　テキス➡
> ト分析にあたっては、テキスト入手、形態素解析、辞書の準備など、実際の分析の➡
> 前処理にあたるタスクが多数あります。　また、その中には日本語固有の話も数多➡
> く存在します。　本章では、このようなタスクとしてどういうものがあるか、また➡
> 具体的に何を行う必要があるのかについて解説します。　2.1 テキスト入手　テキ➡
> スト分析」というぐらいなので、分析の出発点はテキストです。しかし、いざ、分➡
> 析を始めようとして気付きますが、分析の対象としてすぐに利用可能なテキスト➡
> は意外と少ないものなのです。本節では、そのようなテキストをどうやって入手で➡
> きるかを紹介します。　2.2 形態素解析　2.3 辞書

　リスト2.1.12 と リスト2.1.13 の出力を見ると、意図した通りPDFのタイトルと本文
が取得できていることがわかります。

## ● Wordファイルの読み込み

　Wordファイルの読み込みも、PDFファイルの読み込みの場合とほぼ同様で
す。Tikaはどちらのファイルか自動判別して、種別に応じた処理を行います
（ リスト2.1.14 　リスト2.1.15 　リスト2.1.16 ）。

リスト2.1.14 Wordファイルの読み込み（ch02-01-10.ipynb）

**In**

```
# リスト 2.1.14
# Wordファイルの読み込み

from tika import parser
word = 'https://github.com/makaishi2/text-anl-samples/➡
raw/master/word/sample.docx'
parsed = parser.from_file(word)
```

**Out**

```
2019-05-12 11:56:01,203 [MainThread  ] [INFO ]  ➡
Retrieving https://github.com/makaishi2/text-anl-➡
samples/raw/master/word/sample.docx to /var/folders/2y/
pfklj4fs4vx3580dt87dxxc00000gn/T/https-github-com-➡
makaishi2-text-anl-samples-raw-master-word-sample-docx.
```

リスト2.1.15 Wordタイトルの表示 (ch02-01-10.ipynb)

**In**

```python
# リスト 2.1.15
# Wordタイトルの表示

print(parsed['metadata']['title'])
```

**Out**

現場で使えるAIによる自然言語処理入門

リスト2.1.16 Word読み込み結果の確認 (ch02-01-10.ipynb)

**In**

```python
# リスト 2.1.16
# Word読み込み結果の確認

import json
print(json.dumps(parsed, indent=2, ensure_ascii=False))
```

**Out**

```
{
  "status": 200,
  "content": "\n\n\n\n\n\n\n\n\n\n\n\n\n\n\n\n\n\n\n\n➡
\n\n\n\n\n\n\n\n\n\n\n\n\n\n\n\n\n\n\n\n\n\n\n\n➡
\n\n\n\n\n現場で使えるAIによる自然言語処理入門\n\n現場で使えるAIに➡
よる自然言語処理入門\n\n　本書は、Pythonを利用して、人工知能分野で注目➡
されている自然言語の分析手法を解説した書籍です。\n　従来技術と新技術を比➡
較しつつ、インデックス化、エンティティ抽出、関係抽出、構文解析、評判分析ま➡
で、実際のコードを交えながら解説します。\n\n1章テキスト分析とは\n1.1 ➡
```

テキスト分析の目的\n1.2　テキスト分析の要素技術\n\n第2章　日本語テキスト分析　前処理の勘所\nテキスト分析にあたっては、テキスト入手、形態素解析、辞書の準備など、実際の分析の前処理にあたるタスクが多数あります。　また、その中には日本語固有の話も数多く存在します。　本章では、このようなタスクとしてどういうものがあるか、また具体的に何を行う必要があるのかについて解説します。\n2.1　テキスト入手\nテキスト分析」というぐらいなので、分析の出発点はテキストです。しかし、いざ、分析を始めようとして気付きますが、分析の対象としてすぐに利用可能なテキストは意外と少ないものなのです。本節では、そのようなテキストをどうやって入手できるかを紹介します。\n2.2　形態素解析\n\n2.3　辞書\n\n\n\n",
  "metadata": {
    "Application-Name": "Microsoft Office Word",

        (…略…)

"dc:publisher": "",
"dc:title": "現場で使えるAIによる自然言語処理入門",
"dcterms:created": "2019-05-12T02:52:00Z",

        (…略…)

　Wordの場合、['metadata']['title']で取れるのは、 図2.1.1 のようにWordの管理情報中の「タイトル」の内容になります。

図2.1.1 サンプルWord文書の属性

　本文部分を(parsed['content'].replace('\n', '')で取得する点は、PDFファイルの読み込みの場合とまったく同じなので、コードと説明は省略します。

## 2.1.5　Webページからの入手

　Webページからテキスト情報を入手することもよく行われます。Webページをブラウザから見るのと異なり、ダウンロードしたWebサイトのテキストにはいろいろなタグ情報が含まれています。

　タグ情報を手がかりにしながら、必要な箇所のデータを抽出する方法はスクレイピングと呼ばれています。スクレイピング自体、奥の深い技術ですが、本書ではその簡単な事例をサンプルコードとともに紹介します。具体的にはYahoo! JAPANのニュースサイト(news.yahoo.co.jp)からニュース記事のタイトル一覧を取得してみることにします。

> **(!) ATTENTION**
>
> **スクレイピングにあたって**
>
> Webページ記事の再利用に関しては、サイト毎にポリシーが異なります。実際にスクレイピングによりテキスト入手を行う場合には、著作権の問題がないことを確認するようにしてください。

### ● モジュールの追加導入

　以降のJupyter Notebookのコードを実行する前に、次のモジュールの追加導入が必要です。導入後、再度Jupyter Notebookを起動してください。

**[ターミナル]**

```
$ conda install beautifulsoup4
```

### ● Webページのデータ読み込み

　**リスト2.1.17** のコードで対象サイトのHTMLデータを読み込み、タグによる解析を行います。

**リスト2.1.17** Webページのデータ読み込み（ch02-01-17.ipynb）

In

```
# リスト 2.1.17
# Webページのデータ読み込み

import requests
from bs4 import BeautifulSoup

# Yahoo! JAPAN ニュースサイト
url = 'https://news.yahoo.co.jp'
html = requests.get(url)

contents = BeautifulSoup(html.content, "html.parser")
```

## ● Webページの情報確認

いったんコンテンツの中身全体を表示します（**リスト2.1.18**）。

**リスト2.1.18** Webページの情報確認（ch02-01-17.ipynb）

In

```
# リスト 2.1.18
# Webページの情報確認

print(contents)
```

Out

```
<!DOCTYPE html>
<html lang="ja"><head><title data-reactroot="">

     (…略…)

<div class="newsFeed_item_title">デキる妻に聞いた！やめてよかっ➡
た家事BEST10</div><div class="newsFeed_item_sub">➡
<div class="newsFeed_item_sourceWrap"><span class=➡
"newsFeed_item_media">サンキュ！</span></div></div></div>➡
</a></li><li class="newsFeed_item"><a class=➡
"newsFeed_item_link" data-ylk="rsec:st_maj;slk:byl_ra;➡
pos:3;" href="https://news.yahoo.co.jp/byline/➡
```

```
sagawakentaro/20190512-00125710/"><div class=➡
"newsFeed_item_thumbnail"><div class=➡
"thumbnail thumbnail-middle"><img alt="" ➡
src="https://lpt.c.yimg.jp/im_sigg_WP2bxvPbGeBO6ICZ7m➡
4Jg---x264-y264-xc222-yc0-wc478-hc478-q90-exp3h-pril/➡
amd/20190512-00125710-roupeiro-000-view.jpg"/></div>➡
</div><div class="newsFeed_item_text">

        (…略…)

<script src="https://s.yimg.jp/images/ds/ult/apj/➡
rapid-4.1.1.js"></script><script src="https://s.yimg.➡
jp/images/jpnews/v2/pc/js/top-a65a2fd0ec7ff520eee8.js" ➡
type="text/javascript"></script></body></html>
```

> **(!) ATTENTION**
>
> リスト2.1.18 の実行結果
>
> リスト2.1.18 実行結果は、その時点でのニュース記事の一覧なので、紙面とは異なる結果になります。

## ● 文書情報の解析

　ニュース記事のタイトルがどのようなタグとセットになっているか調べます。例えば、上記の結果の場合、その一部は下記の構造になっていました。この部分がニュースタイトルになっているようなので、同じ構造のデータをすべて抽出することにします。

```
<div class="newsFeed_item_title">デキる妻に聞いた！やめてよかっ➡
た家事BEST10</div>
```

## ● 必要な部分の抽出

　上記のタグを持つ情報を抽出したい場合、`'.newsFeed_item_title'` をキーに選択すればよいことになります（ リスト2.1.19 ）。

リスト2.1.19 必要な情報の抽出 (ch02-01-17.ipynb)

In

```
# リスト2.1.19
# 必要な情報の抽出


for title in contents.select('.newsFeed_item_title'):
    print(title.getText())
```

Out

```
松居直美さん　きれいな女優さんが本番中に…誰にも来る更年期「神様は公平だ！」
デキる妻に聞いた！やめてよかった家事BEST10
R25の車体に320ccエンジンを搭載！新型YZF-R3の走りを大胆予測
"鉄人"金本氏に並ぶ35試合連続出塁記録の巨人・坂本勇人は「キャッチャー泣かせ」

        (…略…)
```

　これで、リスト2.1.19 の出力結果のように、サイトのニュースタイトル一覧を抽出することができました。

## 2.1.6　APIによる入手方法

　商品レビューなどの情報は、クラウド上のサービスからAPIを利用して入手する方法が便利なことが多いです。しかし、最近はAPIを使った大量データの取得に制限が加えられたり、利用目的に制約が付くなどのケースが多くなったため、利用時には注意するようにしてください。

　以下では、レビューデータの取得・利用に関する制限が比較的少ないYahoo!ショッピングのレビューコメントを取得するコーディングサンプルを示します。今までのサンプルコードと比較してデータ入手までの手順がやや複雑ですが、これは商品が複数の階層構造のカテゴリと紐付いているため、やむを得ない手順と考えてください。より詳細なAPIの利用方法については、Yahoo! デベロッパーネットワークのAPI Referenceを参照してください。

● Yahoo! デベロッパーネットワーク：商品レビュー検索
　URL　http://bit.ly/2vQhTHZ

## ● モジュールの追加導入

　以降、Jupyter Notebookのコードを実行する前に、次のモジュールの追加導入が必要です。導入後、再度Jupyter Notebookを起動してください。

**[ターミナル]**

```
$ conda install requests
```

## ● アプリケーションIDの取得

　以降のコードによりYahoo! ショッピングからAPI呼び出しでレビューコメントを取得するには、Yahoo! デベロッパーネットワークのアプリケーションIDを取得する必要があります。その具体的手順については、下記のリンク先を参照してください。

- **Yahoo! デベロッパーネットワーク：アプリケーションIDを登録する**
  URL  http://bit.ly/2Ju371y

　アプリケーションID取得時の必須項目には、以下を入力してください。必須項目でない項目は特に入力しなくてかまいません。

- アプリケーションの種類：「クライアントサイド」
- アプリケーション名：「日本語テキスト分析」

## ● カテゴリIDの取得

　レビューコメント取得APIを呼び出すためには、カテゴリIDを設定する必要があります。そのため、カテゴリID取得APIを使い、トップレベルから子、孫の階層のIDを取得します（ リスト2.1.20 ）。カテゴリID一覧の取得には数分の時間がかかりますので注意してください。

- **Yahoo! デベロッパーネットワーク：カテゴリID取得**
  URL  http://bit.ly/2VV4VXX

**リスト2.1.20** Yahoo! ショッピングのカテゴリ ID 一覧を取得する (ch02-01-20.ipynb)

In

```python
# リスト 2.1.20
# Yahoo! ショッピングのカテゴリ ID 一覧を取得する

import requests
import json
import time
import csv

# エンドポイント
url_cat = 'https://shopping.yahooapis.jp/➡
ShoppingWebService/V1/json/categorySearch'

# アプリケーション id
appid = '█████████████████████████████████████➡
██████'

# 全カテゴリファイル
all_categories_file = './all_categories.csv'

# API リクエスト呼び出し用関数
def r_get(url, dct):
    time.sleep(1) # 1回で1秒あける
    return requests.get(url, params=dct)

# カテゴリ取得用関数
def get_cats(cat_id):
    try:
        result = r_get(url_cat, {'appid': appid, ➡
'category_id': cat_id})
        cats = result.json()['ResultSet']['0']➡
['Result']['Categories']['Children']
        for i, cat in cats.items():
            if i != '_container':
                yield cat['Id'], {'short': ➡
cat['Title']['Short'], 'medium': cat['Title']➡
['Medium'],  'long': cat['Title']['Long']}
    except:
        pass
```

のコードを実行すると、`./all_categories_file.csv`といっ CSV ファイルにカテゴリ一覧のデータが書き出されます。

カテゴリ一覧 CSV ファイルの生成 (ch02-01-20.ipynb)

In

```python
# リスト 2.1.21
# カテゴリ一覧CSV ファイルの生成

# ヘッダ
output_buffer = [['カテゴリコードlv1', 'カテゴリコードlv2', ➡
'カテゴリコードlv3',
    'カテゴリ名lv1', 'カテゴリ名lv2', 'カテゴリ名lv3', ➡
'カテゴリ名lv3_long']]

with open(all_categories_file, 'w') as f:
    writer = csv.writer(f, lineterminator='\n')
    writer.writerows(output_buffer)
    output_buffer = []

# カテゴリレベル1
for id1, title1 in get_cats(1):
    print('カテゴリレベル1 :', title1['short'])
    try:
        # カテゴリレベル2
        for id2, title2 in get_cats(id1):

            # カテゴリレベル3
            for id3, title3 in get_cats(id2):
                wk = [id1, id2, id3, title1['short'], ➡
title2['short'], title3['short'], title3['long']]
                output_buffer.append(wk)

            # ファイル書き込み
                with open(all_categories_file, 'a') as f:
                    writer = csv.writer(f, ➡
lineterminator='\n')
                    writer.writerows(output_buffer)
                    output_buffer = []
    except KeyError:
        continue
```

**Out**

カテゴリレベル1： ファッション
カテゴリレベル1： 食品
カテゴリレベル1： アウトドア、釣り、旅行用品
カテゴリレベル1： ダイエット、健康
　　（…略…）

## ● 結果の確認

リスト2.1.21 の実行が終わったら、リスト2.1.22 のコードで作成したCSVファイル
の内容を確認します。

リスト2.1.22 CSVファイルの内容確認（ch02-01-20.ipynb）

**In**

```
# リスト 2.1.22
# CSVファイルの内容確認

import pandas as pd
from IPython.display import display
df = pd.read_csv(all_categories_file)
display(df.head())
```

**Out**

| | カテゴリコードlv1 | カテゴリコードlv2 | カテゴリコードlv3 | カテゴリ名lv1 | カテゴリ名lv2 | カテゴリ名lv3 | カテゴリ名lv3_long |
|---|---|---|---|---|---|---|---|
| 0 | 13457 | 2494 | 37019 | ファッション | レディースファッション | コート | レディースファッション > コート |
| 1 | 13457 | 2494 | 37052 | ファッション | レディースファッション | ジャケット | レディースファッション > ジャケット |
| 2 | 13457 | 2494 | 36861 | ファッション | レディースファッション | トップス | レディースファッション > トップス |
| 3 | 13457 | 2494 | 36913 | ファッション | レディースファッション | ボトムス | レディースファッション > ボトムス |
| 4 | 13457 | 2494 | 36887 | ファッション | レディースファッション | ワンピース、チュニック | レディースファッション > ワンピース、チュニック |

## ● スマホ（アンドロイド）のコードを確認

リスト2.1.23 のコマンドでこれからAPIの呼び出し時に利用するコード49331がスマホ（アンドロイド）であることを確認します。 リスト2.1.22 の出力結果の表にある別のコードを利用することで、他の商品に対するコメントを取得することも可能です。

リスト2.1.23 スマホのコード確認（ch02-01-20.ipynb）

In

```
# リスト 2.1.23
# スマホのコード確認

df1 = df.query("カテゴリコードlv3 == '49331'")
display(df1)
```

Out

| | カテゴリ<br>コードlv1 | カテゴリ<br>コードlv2 | カテゴリ<br>コードlv3 | カテゴリ名<br>lv1 | カテゴリ名<br>lv2 | カテゴリ名<br>lv3 | カテゴリ名<br>lv3_long |
|---|---|---|---|---|---|---|---|
| **954** | 2502 | 38338 | 49331 | スマホ、<br>タブレット、<br>パソコン | スマホ | アンドロイド | スマホ、<br>タブレット、<br>パソコン<br>> スマホ<br>> アンドロイド |

## ● レビューコメントの取得

リスト2.1.24 は、IDで指定されたカテゴリに属するレビューコメントを取得する関数のコードサンプルです。

リスト2.1.24 レビューコメントの取得（ch02-01-20.ipynb）

In

```
# リスト 2.1.24
# レビューコメントの取得

import requests
import time

url_review = 'https://shopping.yahooapis.jp/➡
ShoppingWebService/V1/json/reviewSearch'
```

```python
# アプリケーションid
appid = '                                                    ➡
            '

# レビュー取得件数。最大50。APIの仕様。
num_results = 50
num_reviews_per_cat = 99999999

# テキストの最大・最小文字数。レビュー本文がこれより長い・短いものは読み➡
飛ばす。
max_len = 10000
min_len = 50

def r_get(url, dct):
    time.sleep(1) # 1回で1秒あける
    return requests.get(url, params=dct)

# 指定したカテゴリidのレビューを返す
def get_reviews(cat_id, max_items):
    # 実際に返した件数
    items = 0
    # 結果配列
    results = []
    # 開始位置
    start = 1

    while (items < max_items):
        result = r_get(url_review, {'appid': appid, ➡
'category_id': cat_id, 'results': num_results, ➡
'start': start})
        if result.ok:
            rs = result.json()['ResultSet']
        else:
            print('エラーが返されました : [cat id] {} ➡
[reason] {}-{}'.format(cat_id, result.status_code, ➡
result.reason))
            if result.status_code == 400:
                print('ステータスコード400(badrequestは中止➡
せず読み飛ばします')
```

```
                    break
            else:
                    exit(True)

        avl = int(rs['totalResultsAvailable'])
        pos = int(rs['firstResultPosition'])
        ret = int(rs['totalResultsReturned'])
        #print('総ヒット数: %d  開始位置: %d  取得数: %d' ➡
% (avl, pos, ret))
        reviews = result.json()['ResultSet']['Result']
        for rev in reviews:
            desc_len = len(rev['Description'])
            if min_len > desc_len or max_len < desc_len:
                continue
            items += 1
            buff = {}
            buff['id'] = items
            buff['title'] = rev['ReviewTitle'].replace➡
('\n', '').replace(',', '、')
            buff['rate'] = int(float(rev['Ratings']➡
['Rate']))
            buff['comment'] = rev['Description'].
replace('\n', '').replace(',', '、')
            buff['name'] = rev['Target']['Name']
            buff['code'] = rev['Target']['Code']
            results.append(buff)
            if items >= max_items:
                break
        start += ret
        #print('有効件数: %d' % items)
    return results
```

## ● コメント一覧の取得

 リスト2.1.25 は、 リスト2.1.24 で定義した関数 get_reviews() の呼び出しサン
プルコードです。どのカテゴリから何件のレビューを取得するかを引数で指定し
ます。

 リスト2.1.25 のコードでは、対象カテゴリとして「49331 スマホ>アンドロイ
ド」を、件数として5件を指定しています。

**リスト2.1.25** コメント一覧の取得と保存（ch02-01-20.ipynb）

**In**

```python
# リスト2.1.25
# コメント一覧の取得と保存

import json
import pickle
# get_reviews(code, count) レビューコメントの取得
# code: カテゴリコード (all_categories.csv)に記載のもの
# count: 何件取得するか

result = get_reviews(49331,5)
print(json.dumps(result, indent=2,ensure_ascii=False))
```

**Out**

```
[
  {
    "id": 1,
    "title": "商品について",
    "rate": 3,
    "comment": "子供の為に購入しました。目的のアプリはバージョン、性
能が合わずに使用出来ませんでした。ただ、Bランクの割にはとてもきれいで思っ
たより美品だったかと思います。",
    "name": "▓▓▓▓▓ ▓▓▓ ▓▓▓ ▓ ▓.▓ シルバー　タブレ
ット　中古　美品 保証あり Bランク 白ロム　あすつく対応　0227",
    "code": "garakei_403hw66073"
  },
  {
    "id": 2,
    "title": "使い易い",
    "rate": 5,
    "comment": "今までプリペイド携帯を使っていましたがもうじきサービ
スが終了するというので料金があまり変わらない▓▓のSIMをいれて使のSIMを
いれて使ってます。特にこまった事はないです。さすがは▓▓▓ですね。写真など
も綺麗に写りますし、音がまた良いですよ。まだまだ慣れないですが私でも何とか
使えるのですから使いやすいんでしょうね。",
    "name": "保証付 | 新品同様フルセット▓▓▓▓ ▓▓ 16GB SIMフリー
ホワイト",
```

```
      "code": "grapeseed_z3wh"
   },

        (…略…)

   {
```

それぞれのスマホに対するコメントがrate（評価）とセットで取得できているのがわかると思います。このデータは、例えば評判分析の機械学習モデルを作る際の学習データとして利用することが可能です。

## 2.1.7 DBpedia

Wikipediaの利用に関しては、2.1.3項で紹介したWikipedia APIを利用する方法が最も簡単なのですが、もう1つDBpediaを利用する方法があります。本項ではそのサンプルコードを紹介します。DBpediaの場合、次に紹介する問い合せ言語のSPARQLを利用することで、単なるキーワード検索よりも高度な問い合わせが可能です。用途によってWikipedia APIと使い分けるようにしてください。

### ● SPARQLの活用

DBpediaの利用時には、SPARQLという問い合わせ言語を利用すると、SQL文のような形でいろいろな情報を抽出できます。

リスト2.1.26、リスト2.1.27に、そのコーディング例を2つ記載しておきます。より詳しい情報を知りたい場合は、以下のリンク先などを参照してください。

- **littlewing**
  URL  https://littlewing.hatenablog.com/entry/2015/05/12/103923

### ● DBpediaモジュールを追加導入

次のコマンドで検索用のDBpediaモジュールを追加導入してください。導入が終わったら、Jupyter Notebookのカーネルを再起動してください。

[ターミナル]

```
$ conda install -c conda-forge sparqlwrapper
```

**リスト2.1.26** SPARQL 検索例1 (ch02-01-26.ipynb)

In

```python
# リスト 2.1.26
# SPARQL 検索例1
# 東証一部上場企業の一覧を取得し、名称と概要を表示する

from SPARQLWrapper import SPARQLWrapper

sparql = SPARQLWrapper(endpoint='http://ja.dbpedia.org/➡
sparql', returnFormat='json')
sparql.setQuery("""
select distinct ?name ?abstract where {
    ?company <http://dbpedia.org/ontology/
wikiPageWikiLink> <http://ja.dbpedia.org/resource/➡
Category:東証一部上場企業> .
    ?company rdfs:label ?name .
    ?company <http://dbpedia.org/ontology/abstract> ➡
?abstract .
}
""")
results = sparql.query().convert()

# 検索結果から名称(name)と概要(abstract)を抽出
import json
items = []
for result in results['results']['bindings']:
    item = {}
    item['name'] = result['name']['value']
    item['abstruct'] = result['abstract']['value'].➡
replace('\n', '')
    items.append(item)

# 抽出結果から先頭5行を表示
for item in items[:5]:
    print(json.dumps(item, indent=2, ensure_ascii=False))
```

```
{
  "name": "ピー・シー・エー",
  "abstract": "ピー・シー・エー株式会社は東京都千代田区に本社を置く、➡
コンピュータソフトの開発および販売会社。東京証券取引所第一部上場。企業向け➡
の会計・販売管理用パッケージソフトなどに強く、日本の会計ソフト業界ではオ➡
ービックビジネスコンサルタント（OBC）・弥生等と並ぶ業界大手の一社である。"
}
{
  "name": "アークランドサービス",
  "abstract": "アークランドサービス株式会社は、東京都千代田区に本社を➡
置く外食産業の株式会社。豚カツの『かつや』などで知られる。"
}
{
  "name": "KDDI",
  "abstract": "KDDI株式会社（ケイディーディーアイ、英：KDDI ➡
CORPORATION）は、日本の大手電気通信事業者である。"
}
{
  "name": "NTTドコモ",
  "abstract": "株式会社NTTドコモ（エヌティティドコモ、英語：NTT ➡
DOCOMO, INC.）は、携帯電話等の無線通信サービスを提供する日本の最大手移➡
動体通信事業者である。日本電信電話株式会社（NTT）の子会社。TOPIX Core➡
30の構成銘柄の一つ。"
}
{
  "name": "WOWOW",
  "abstract": "株式会社WOWOW（ワウワウ、英：WOWOW INC.）は、日➡
本を放送対象地域とする衛星基幹放送事業者。当初は日本初の有料放送を行う民➡
放衛星放送局として開局した。2014年4月現在、フジ・メディア・ホールディン➡
グス、東京放送ホールディングスの持分法適用関連会社である。コーポレートメ➡
ッセージは「見るほどに、新しい出会い。WOWOW」。"
}
```

**リスト2.1.27** SPARQL 検索例2 (ch02-01-26.ipynb)

**In**

```python
# リスト2.1.27
# SPARQL 検索例2
# 手塚治虫文化賞の受賞作家と作品名の一覧を取得

from SPARQLWrapper import SPARQLWrapper

sparql = SPARQLWrapper(endpoint='http://ja.dbpedia. ➡
org/sparql', returnFormat='json')
sparql.setQuery("""
PREFIX dbp:     <http://ja.dbpedia.org/resource/>
PREFIX dbp-owl: <http://dbpedia.org/ontology/>
PREFIX rdfs:    <http://www.w3.org/2000/01/rdf-schema#>
SELECT ?creatorName ?comics
{
?creator a  dbp-owl:ComicsCreator;
dbp-owl:award dbp:手塚治虫文化賞;
dbp-owl:notableWork ?comic;
rdfs:label ?creatorName.
?comic rdfs:label ?comics .
}
""")
results = sparql.query().convert()

# 検索結果から受賞作家（creatorName）と作品名（comics）を抽出
import json
items = []
for result in results['results']['bindings']:
    item = {}
    item['creatorName'] = result['creatorName']['value']
    item['comics'] = result['comics']['value']
    items.append(item)

# 抽出結果から先頭5行を表示
for item in items[:5]:
    print(json.dumps(item, indent=2, ensure_ascii=False))
```

**Out**

```
{
  "creatorName": "藤子不二雄A",
  "comics": "プロゴルファー猿"
}
{
  "creatorName": "藤子不二雄A",
  "comics": "怪物くん"
}
{
  "creatorName": "ラズウェル細木",
  "comics": "酒のほそ道"
}
{
  "creatorName": "森下裕美",
  "comics": "少年アシベ"
}
{
  "creatorName": "伊藤理佐",
  "comics": "おるちゅばんエビちゅ"
}
```

## 2.1.8　その他の入手方法

　その他、著作権を気にせず利用可能なテキストが多く入手できる先として、政府で出している資料があります。このうち、環境省で出している温泉に関する資料は、第4章の実習で実際に利用することとなります。

- **環境省 国民保養温泉地に関する情報（PDF）**
  URL　https://www.env.go.jp/nature/onsen/area/

　経済産業省や総務省も同じように再利用可能のポリシーを公開しており、今回と同じような利用方法が可能です。

- **経済産業省**
  URL　https://www.meti.go.jp/main/rules.html
  引用　経済産業省のWebサイトで公開している情報（以下「コンテンツ」といいます。）は、誰でも以下の1）～7）に従って、複製、公衆送信、翻訳・変形等の翻案等、自由に利用できます。商用利用も可能です。
- **総務省**
  URL　http://www.soumu.go.jp/menu_kyotsuu/policy/tyosaku.html#tyosakuken
  引用　当ホームページで公開している情報（以下「コンテンツ」といいます。）は、どなたでも以下の1）～7）に従って、複製、公衆送信、翻訳・変形等の翻案等、自由に利用できます。商用利用も可能です。

# 2.2 形態素解析

これからテキスト分析を行おうという読者は形態素解析という言葉を一度は聞いたことがあると思います。本節ではなぜ形態素解析が必要かの説明を簡単に行った後、よく利用される形態素解析ソフトを実際に動かしてみます。

## 2.2.1 形態素解析の目的

最初に英語と日本語の文章を見てみます。

```
This is an English sentence. Words are separated by ➡
spaces.
```

これは日本語の文章です。単語間の区切り記号は特にありません。

改めて説明する必要もありませんが、英語の場合、単語と単語の間はスペースで区切られています。これに対して日本語の場合、単語間の区切り記号は特にありません。人間が日本語の文章を読む場合、文字間の前後関係から無意識に単語の区切りを見つけて文章を理解していることになります。

この言語による違いは、テキスト分析を行う際に非常に大きな問題となります。従来型技術で検索を行う場合であれ、最新のAI技術を使う場合であれ、日本語の場合は前処理として単語の区切りを見つける必要があるのです。この単語の区切りを見つける機能のことを形態素解析と読んでいます。

以上の説明で明らかなように、日本語テキスト分析を行うにあたって、形態素解析は不可欠の技術ということができます。

一方で形態素解析を前処理として使うと便利な点もあります。それは形態素解析エンジンは、単語の区切りを認識すると同時に、品詞の種類など単語の性質も同時に分析する点です。この結果を活用することで、より高度な後工程の分析を行うことが可能になります。

## 2.2.2 形態素解析エンジンの種類

Pythonから呼び出し可能な、代表的なOSS形態素解析エンジンとして次のようなものがあります。

## ● MeCab

「和布蕪（めかぶ）」を名前の由来としています。言語や辞書、またデータベース化された言語資料であるコーパスに依存しない、汎用的な設計がMeCabの特徴です。MeCabで使用できる言語はC、C#、C＋＋、Java、Perl、Python、Ruby、Rとたくさんあります。また、様々な辞書と連結させることもできるため、日本語の形態素解析エンジンの中では最もよく使われています。

## ● Janome

名前の由来は「蛇の目」から来ています。PurePythonで書かれている形態素解析ツールで、JUMANと同じように辞書が始めから内包されています。内包辞書は2019年11月23日時点で、mecab-ipadic-2.7.0-20070801が使用されています。また、最新版v3.0.10では新元号「令和」が辞書に追加されています。導入が簡単な（pipコマンドだけで可能）軽量さを特徴とした形態素解析エンジンです。

## ● JUMAN

京都大学大学院情報学研究科知能情報学専攻の黒橋・河原研究室が開発した形態素解析エンジンです。Webテキストから自動獲得された辞書、Wikipediaから抽出された辞書を使用できる点が特徴です。MeCabよりも単語の意味分類を細かく実施する点もJUMANの特徴となります。

## ◆ 2.2.3　MeCabの利用

それでは、先ほど紹介した3つの形態素解析エンジンの中で最もポピュラーなMeCabを実際に利用してみましょう。

## ● 導入手順

MeCabは本書でここまで紹介した他のライブラリと比較すると、導入手順がやや複雑です。本書では、導入手順を丁寧に記載しましたので、頑張ってトライしてみてください。なお、形態素解析の簡単な動きだけ試してみたい方は、より簡単に導入できるJanomeを使うことをお勧めします。こちらの導入手順、利用方法についても2.2.4項で説明します。

[ターミナル]

```
$ brew install mecab
$ brew install mecab-ipadic
```

(!) ATTENTION

**brewコマンドが導入されていない場合の対応方法**

brew command not foundというメッセージが表示された場合、brewコマンドがまだ導入されていません。

巻末の付録1にbrewコマンドの導入手順が記載されていますので、まずそちらを実行してください。

## ● MeCabのテスト

MeCabの導入が正常に終了したら、簡単なテストを実施します。

コンソールで、mecabを実行し、入力プロンプトが出たらこれは日本語の文章です。と入力して、[Enter] キーを押してください。うまくいくと、下記のような結果になるはずです。

[ターミナル]

```
$ mecab
これは日本語の文章です。
これ      名詞,代名詞,一般,*,*,*,これ,コレ,コレ
は        助詞,係助詞,*,*,*,*,は,ハ,ワ
日本語    名詞,一般,*,*,*,*,日本語,ニホンゴ,ニホンゴ
の        助詞,連体化,*,*,*,*,の,ノ,ノ
文章      名詞,一般,*,*,*,*,文章,ブンショウ,ブンショー
です      助動詞,*,*,*,特殊・デス,基本形,です,デス,デス
。        記号,句点,*,*,*,*,。,。,。
EOS
```

結果を確認したら [Ctrl] + [C] キーでコマンド入力状態に戻します。

## ◉ mecab-python3の導入

　最後のステップは、導入されたMeCabをPythonのAPIとして利用できるようにすることです。この目的のため、`pip`コマンドを利用して`mecab-python3`を導入します。

[ターミナル]

```
$ pip install mecab-python3
```

## ◉ mecab-python3のテスト

　mecab-python3の導入が正常終了したら、カーネル再起動後、 リスト2.2.1 のJupyter Notebookを実行して、結果を確認します。

リスト2.2.1 mecab-python3のテスト（ch02-02-01.ipynb）

In

```python
# リスト 2.2.1 mecab-python3のテスト

# MeCabをPythonから呼び出す
import MeCab

# 解析対象文
text = 'これは日本語の文章です。'

# 利用パターン1 対象文書を分かち書きにする
tagger1 = MeCab.Tagger("-Owakati")
print('【利用パターン1】分かち書き')
print(tagger1.parse(text).split())
print()


# 利用パターン2 単語毎に分析結果を全部表示する
tagger2 = MeCab.Tagger()
print('【利用パターン2】品詞解析')
print(tagger2.parse(text))
```

**Out**

> 【利用パターン1】分かち書き
> ['これ', 'は', '日本語', 'の', '文章', 'です', '。']
>
> 【利用パターン2】品詞解析
> これ　　名詞,代名詞,一般,*,*,*,これ,コレ,コレ
> は　　　助詞,係助詞,*,*,*,*,は,ハ,ワ
> 日本語　名詞,一般,*,*,*,*,日本語,ニホンゴ,ニホンゴ
> の　　　助詞,連体化,*,*,*,*,の,ノ,ノ
> 文章　　名詞,一般,*,*,*,*,文章,ブンショウ,ブンショー
> です　　助動詞,*,*,*,特殊・デス,基本形,です,デス,デス
> 。　　　記号,句点,*,*,*,*,。,。,。
> EOS

　利用パターン1で、元の日本語テキストが、単語を要素とする配列になっていることがわかります。このように日本語を加工することは第5章で説明するWord2Vecなどのテキスト分析で必須の前処理となります。

　利用パターン2で、分解された個々の単語について、品詞名など詳細な分析結果がわかります。この情報を活用してより高度な分析を行うことも可能です。

## 2.2.4　Janomeの利用

　上記の手順を見て、「MeCabは導入手順が煩雑そうなのでちょっと……」と思われた読者の方は、これから説明するJanomeを試してください。はるかにシンプルな手順で、形態素解析をPythonから行うことが可能です。

### ● 導入手順

　次のpipコマンドでJanomeをインストールします。

**[ターミナル]**

```
$ pip install janome
```

　これで導入は終わりです。導入の完了後、Jupyter Notebook環境のカーネルをリスタートしてください。

## ● Janomeサンプルコード

リスト2.2.2 にJanomeのサンプルコードを記載します。MeCabとほぼ同等の使い方が可能なことがわかると思います。

リスト2.2.2 Janomeサンプルコード（ch02-02-02.ipynb）

In

```
# リスト 2.2.2 Janome サンプルコード

# 解析対象文
text = 'これは日本語の文章です。'

# 利用パターン1 対象文書を分かち書きにする
from janome.tokenizer import Tokenizer
t1 = Tokenizer(wakati=True)

print(t1.tokenize(text))
print()

# 利用パターン2 単語毎に分析結果を全部表示する
t2 = Tokenizer()

for token in t2.tokenize(text):
    print(token)
```

Out

```
['これ', 'は', '日本語', 'の', '文章', 'です', '。']

これ 名詞,代名詞,一般,*,*,*,これ,コレ,コレ
は 助詞,係助詞,*,*,*,*,は,ハ,ワ
日本語 名詞,一般,*,*,*,*,日本語,ニホンゴ,ニホンゴ
の 助詞,連体化,*,*,*,*,の,ノ,ノ
文章 名詞,一般,*,*,*,*,文章,ブンショウ,ブンショー
です 助動詞,*,*,*,特殊・デス,基本形,です,デス,デス
。 記号,句点,*,*,*,*,。,。,。
```

## 🔷 2.2.5　辞書との連携

　第3章で紹介する形態素解析エンジンは、内部で日本語辞書を持っていますが、汎用的なものであるため、業務に特化した固有の連語は、細かい単語に分割されてしまう傾向にあります。テキスト分析の手法によっては、連語をそのままの形で分析したい場合があり、そのような場合に利用されるのが拡張辞書ということになります。

　MeCabでもJanomeでも、ユーザー独自の拡張辞書の利用は可能なのですが、MeCabの場合は若干手順が難しいので、後ほど参照リンクのみを示します（P.056）。代わりに、最新情報が日々更新されている拡張辞書mecab-ipadic-neologdの利用法を紹介します。

　Janomeは、簡単に辞書の拡張ができるので、こちらについてはサンプルコーディングで利用例を紹介します。

## ● MeCabの汎用拡張辞書（mecab-ipadic-neologd）

　MeCabの拡張辞書mecab-ipadic-neologdを利用するためには、コマンドラインから次の一連のコマンドを実行してください。

[ターミナル]

```
# 必要モジュールの導入（導入済みの場合はスキップされる）
$ brew install git curl xz

# mecab-ipadic-neologdダウンロード先の指定（作業用なので、任意の➡
ディレクトリでOK）
$ cd [ダウンロード先ディレクトリ]

# mecab-ipadic-neologdのダウンロード
$ git clone --depth 1 https://github.com/neologd/mecab-➡
ipadic-neologd.git

# mecab-ipadic-neologdのビルド・導入
$ cd mecab-ipadic-neologd
$ ./bin/install-mecab-ipadic-neologd -n -y
```

> **!** **ATTENTION**
>
> ## brewコマンドの導入
>
> brewコマンドの実行時にcommand not foundのメッセージが表示された場合、
> 該当コマンドがまだ導入されていないことを意味しています。
> 付録1に導入手順がありますので、まず、そちらを実行してください。

　拡張辞書を利用する場合は MeCab.Tagger クラス生成時に、引数で辞書名を
指定します。
　リスト2.2.3 に拡張辞書を使わない場合、リスト2.2.4 に使った場合のサンプル
コーディングとその結果を示します。

リスト2.2.3 MeCab 拡張辞書利用前 (ch02-02-03.ipynb)

In

```python
# リスト 2.2.3 MeCab 拡張辞書利用前

# 辞書拡張前の結果
import MeCab

# 解析対象文
text = '令和元年6月1日に特急はくたかに乗ります。'

# 解析実行
tagger1 = MeCab.Tagger()
print(tagger1.parse(text))
```

Out

```
令      名詞,一般,*,*,*,*,令,リョウ,リョー
和      名詞,一般,*,*,*,*,和,ワ,ワ
元年    名詞,一般,*,*,*,*,元年,ガンネン,ガンネン
6       名詞,数,*,*,*,*,*
月      名詞,一般,*,*,*,*,月,ツキ,ツキ
1       名詞,数,*,*,*,*,*
日      名詞,接尾,助数詞,*,*,*,日,ニチ,ニチ
に      助詞,格助詞,一般,*,*,*,に,ニ,ニ
特急    名詞,一般,*,*,*,*,特急,トッキュウ,トッキュー
はく    動詞,自立,*,*,五段・カ行イ音便,基本形,はく,ハク,ハク
```

```
たか        名詞,非自立,一般,*,*,*,たか,タカ,タカ
に          助詞,格助詞,一般,*,*,*,に,ニ,ニ
乗り        動詞,自立,*,*,五段・ラ行,連用形,乗る,ノリ,ノリ
ます        助動詞,*,*,*,特殊・マス,基本形,ます,マス,マス
。          記号,句点,*,*,*,*,。,。,。
EOS
```

**リスト2.2.4** MeCab 拡張辞書利用後（ch02-02-03.ipynb）

**In**

```python
# リスト2.2.4 MeCab拡張辞書利用後

# 辞書拡張後の結果
import MeCab

# 解析対象文
text = '令和元年6月1日に特急はくたかに乗ります。'

# 解析実行
tagger2 = MeCab.Tagger('-d /usr/local/lib/mecab/dic/➡
mecab-ipadic-neologd')
#chasen = MeCab.Tagger()
print(tagger2.parse(text))
```

**Out**

```
令和元年     名詞,固有名詞,一般,*,*,*,2019年,レイワガンネン,レイワ➡
ガンネン
6月1日      名詞,固有名詞,一般,*,*,*,6月1日,ロクガツツイタチ,ロク➡
ガツツイタチ
に          助詞,格助詞,一般,*,*,*,に,ニ,ニ
特急        名詞,一般,*,*,*,*,特急,トッキュウ,トッキュー
はくたか     名詞,固有名詞,一般,*,*,*,はくたか,ハクタカ,ハクタカ
に          助詞,格助詞,一般,*,*,*,に,ニ,ニ
乗り        動詞,自立,*,*,五段・ラ行,連用形,乗る,ノリ,ノリ
ます        助動詞,*,*,*,特殊・マス,基本形,ます,マス,マス
。          記号,句点,*,*,*,*,。,。,。
EOS
```

MeCab拡張辞書利用前とMeCab拡張辞書利用後の結果を比較すると、次の点が違うことがわかります。

- 「令和」という元号を認識している
- 「令和」について、その後ろの「元年」と関連付けて「令和元年」で1つの語になっている
- 「6月1日」が日付として意味のある一つの語として認識されている
- 「はくたか」が固有名詞として認識されている

いずれも、日本語として正しい解釈になっています。これが、ここで試した例文に対する拡張辞書利用の効果ということになります。

## ● MeCabのカスタム拡張辞書の利用方法

MeCabのカスタム拡張辞書の利用方法については、例えば次のリンク先を参照してください。

- ● 単語の追加方法
  URL https://taku910.github.io/mecab/dic.html

## ● Janomeのカスタム拡張辞書

まず、Janomeをデフォルトの状態で、先ほどMeCabで試した例文がどのように形態素解析されるかを確認してみましょう（ リスト2.2.5 ）。

リスト2.2.5 Janomeカスタム辞書利用前（ch02-02-05.ipynb）

In

```
# リスト 2.2.5   Janomeカスタム辞書利用前

# Janome サンプルコード
from janome.tokenizer import Tokenizer
t1 = Tokenizer()

# 解析対象文
text = '令和元年6月1日に特急はくたかに乗ります。'

for token in t1.tokenize(text):
    print(token)
```

**Out**

| | |
|---|---|
| 令和 | 名詞,固有名詞,一般,*,*,*,令和,レイワ,レイワ |
| 元年 | 名詞,一般,*,*,*,*,元年,ガンネン,ガンネン |
| 6 | 名詞,数,*,*,*,*,6,*,* |
| 月 | 名詞,一般,*,*,*,*,月,ツキ,ツキ |
| 1 | 名詞,数,*,*,*,*,1,*,* |
| 日 | 名詞,接尾,助数詞,*,*,*,日,ニチ,ニチ |
| に | 助詞,格助詞,一般,*,*,*,に,ニ,ニ |
| 特急 | 名詞,一般,*,*,*,*,特急,トッキュウ,トッキュー |
| はく | 動詞,自立,*,*,五段・カ行イ音便,基本形,はく,ハク,ハク |
| たか | 名詞,非自立,一般,*,*,*,たか,タカ,タカ |
| に | 助詞,格助詞,一般,*,*,*,に,ニ,ニ |
| 乗り | 動詞,自立,*,*,五段・ラ行,連用形,乗る,ノリ,ノリ |
| ます | 助動詞,*,*,*,特殊・マス,基本形,ます,マス,マス |
| 。 | 記号,句点,*,*,*,*,。,。,。 |

　Janomeも最新版は新元号に対応していましたが、「はくたか」という列車名は認識できないようです。そこで、この問題をカスタム拡張辞書で対応することにします。具体的には、次のような形式のCSVファイルをNotebookと同じディレクトリに作成し、`userdict.csv`とします（リスト2.2.6）。

**リスト2.2.6** userdict.csv

```
はくたか,1285,1285,7265,名詞,固有名詞,*,*,*,*,はくたか,ハクタ➡
カ,ハクタカ
```

　リスト2.2.6 のCSVファイルの書式はMeCabと同じなので、解説は先ほど紹介した下記のリンク先にあります。

● **単語の追加方法**
　URL　https://taku910.github.io/mecab/dic.html

　そして、このCSVファイルを辞書としてJanomeを利用して、結果がどうなるか確認してみます（リスト2.2.7）。

**In**

```
# リスト 2.2.7　Jamomeカスタム辞書利用後

# Janome サンプルコード
from janome.tokenizer import Tokenizer
t2 = Tokenizer('userdict.csv')

# 解析対象文
text = '令和元年6月1日に特急はくたかに乗ります。'

for token in t2.tokenize(text):
    print(token)
```

**Out**

```
令和        名詞,固有名詞,一般,*,*,*,令和,レイワ,レイワ
元年        名詞,一般,*,*,*,*,元年,ガンネン,ガンネン
6         名詞,数,*,*,*,*,6,*,*
月         名詞,一般,*,*,*,*,月,ツキ,ツキ
1         名詞,数,*,*,*,*,1,*,*
日         名詞,接尾,助数詞,*,*,*,日,ニチ,ニチ
に         助詞,格助詞,一般,*,*,*,に,ニ,ニ
特急        名詞,一般,*,*,*,*,特急,トッキュウ,トッキュー
はくたか      名詞,固有名詞,*,*,*,*,はくたか,ハクタカ,ハクタカ
に         助詞,格助詞,一般,*,*,*,に,ニ,ニ
乗り        動詞,自立,*,*,五段・ラ行,連用形,乗る,ノリ,ノリ
ます        助動詞,*,*,*,特殊・マス,基本形,ます,マス,マス
。         記号,句点,*,*,*,*,。,。,。
```

確かに「はくたか」が語（固有名詞）として認識されたことがわかります。

CHAPTER 3

# 従来型テキスト分析・検索技術

本章では、ここ数年のAI技術の発達の前から使われていた、代表的なテキスト分析技術について紹介します。

図3.1.1 は、第1章の 図1.2.1 で紹介した全体図のうち、従来型技術に相当する部分を抽出したものです。具体的にはElasticsearchやCaboCha、あるいはTF-IDFなどが該当します。本章では、これらの技術に関して順に説明します。

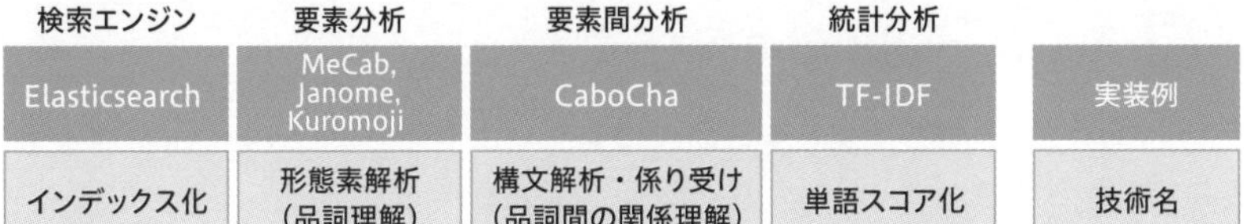

検索エンジン
要素分析
要素間分析
統計分析
Elasticsearch
MeCab, Janome, Kuromoji
CaboCha
TF-IDF
実装例
インデックス化
形態素解析（品詞理解）
構文解析・係り受け（品詞間の関係理解）
単語スコア化
技術名


図3.1.1 第3章で紹介するOSS間の関係

# 3.1 係り受け

第2章で紹介した形態素解析が文章の区切りを見つけて単語の種類を分析する技術だったのに対して、係り受けは単語間の関係を調べる技術となります。本節では、その代表的なOSSソフトであるCaboChaを通じてその概要を確認します。

## 3.1.1 形態素解析と係り受けの関係

例えば「今日はいい天気ですね」という文章を対象に考えます。2.2節で紹介した形態素解析とは、このような自然言語文を入力にして、

「今日」「は」「いい」「天気」「です」「ね」

という形の単語のリストに変換する機能でした。

係り受けとはこのような形態素解析の分析結果を入力として、図3.1.2 のような単語間の関係を調べる機能のことをいいます。

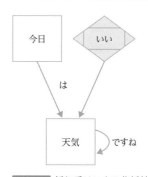

図3.1.2 係り受けによる分析結果

## 3.1.2 CaboChaの利用

それでは、実際に係り受けの代表的なソフトであるCaboChaを使ってみましょう。

> ⚠ ATTENTION
>
> ### CaboChaの前提ソフト
>
> CaboChaは2.2節で説明したMeCabが動いていることが前提となります（コマンドラインで mecab -v と入力すれば確認できます）。
> MeCabの導入手順については、2.2節を参照してください。

## ● CaboChaの導入

CaboChaは以下のコマンドで導入できます。

**[ターミナル]**

```
# 必要モジュールの導入
$ brew install git curl xz
$ brew install crf++

# CaboChaの導入
$ brew install cabocha
```

> **⚠ ATTENTION**
>
> **brewコマンドが導入されていない場合の対応方法**
>
> brew command not foundというメッセージが表示された場合、brewコマンドが
> まだ導入されていません。
> 巻末の付録1にbrewコマンドの導入手順が記載されていますので、まずそちらを実
> 行してください。

## ● テスト

上記の導入が一通り終わったら、いったんターミナルで、動作のテストをしま
しょう。

**[ターミナル]**

```
$ cabocha
```

コマンドが実行され、入力プロンプトが出たら「今日はいい天気ですね」と入
力して [Enter] キーを押してください。下記の結果が出れば、正常に動いてい
ます。

**[ターミナル]**

```
今日はいい天気ですね
    今日は---D
```

```
        いい-D
      天気ですね
EOS
```

終了するには［Ctrl］＋［C］キーを押します。

## ● Python 用ラッパーの導入

次に、CaboCha を Python から呼び出せるようにします。少し長いのですが、以下の手順で導入してください。

［ターミナル］

```
# 作業用ディレクトリは適当に決めてください
$ WORK_DIR=(作業用ディレクトリ)
$ cd $WORK_DIR

$ curl -OL https://github.com/taku910/cabocha/archive/⇒
master.zip
$ unzip master.zip
$ pip install cabocha-master/python/

$ git clone https://github.com/kenkov/cabocha
$ pip install cabocha/
```

(!) **A T T E N T I O N**

### `pip install cabocha-master/python/` に失敗する場合

上記のコマンドで失敗する場合は、command line toolのバージョンが理由の可能性があります。古いバージョンをhttps://developer.apple.com/download/more/（このサイトからダウンロードするためには、AppleIDによるサインインが必要です。未登録の方は、AppleIDの登録も併せて行ってください）からダウンロードします。具体的にはCommand Line Tools(macOS_10.13)for Xcode 9.4のファイルCommand_Line_Tools_macOS_10.13_for_Xcode_9.4.dmgをダウンロードして、導入します（新しいバージョンの上書き導入になります）。導入完了後は、command line toolを元の最新版に戻して問題ありません。

## ● PythonからCaboChaの呼び出し

まず、CaboChaのAPIを利用してチャンクと呼ばれるリストを先頭と最後からたどってみます（ リスト3.1.1 ～ リスト3.1.3 ）。

リスト3.1.1 PythonからCaboChaの呼び出し（ch03-01-01.ipynb）

**In**

```
# リスト 3.1.1
# PythonからCaboChaの呼び出し

# CaboChaの利用（Tokenの取得）
from cabocha.analyzer import CaboChaAnalyzer
analyzer = CaboChaAnalyzer()
tree = analyzer.parse('今日はいい天気ですね')
for chunk in tree:
    for token in chunk:
        print(token)
```

**Out**

```
Token("今日")
Token("は")
Token("いい")
Token("天気")
Token("です")
Token("ね")
```

リスト3.1.2 チャンクを先頭からたどった例（ch03-01-01.ipynb）

**In**

```
# リスト 3.1.2
# CaboChaの利用（チャンクを先頭からたどる）

chunks = tree.chunks
start_chunk = chunks[0]
print('開始チャンク: ', start_chunk)
next_chunk = start_chunk.next_link
print('次のチャンク: ', next_chunk)
```

**Out**

```
開始チャンク：  Chunk("今日は")
次のチャンク：  Chunk("天気ですね")
```

**リスト3.1.3** チャンクを最後からたどった例 (ch03-01-01.ipynb)

**In**

```
# リスト 3.1.3
# CaboChaの利用 (チャンクを最後からたどる)

end_chunk = chunks[-1]
print('最終チャンク： ', end_chunk)
prev_chunk = end_chunk.prev_links
print('一つ前のチャンク： ', prev_chunk)
```

**Out**

```
最終チャンク：  Chunk("天気ですね")
一つ前のチャンク：  [Chunk("今日は"), Chunk("いい")]
```

### 3.1.3　naruhodoを使った視覚的表示

　係り受けの解析結果は、データ表現としてはわかっても、人間には理解しづらいものです。naruhodoは、MeCabとCaboChaを前提に、係り受けの結果を視覚的に表示するライブラリです。GUI表示をする関係で、graphvizとpydotplusも追加導入する必要があります。導入は大変ですが、係り受けの結果を理解するのに便利な機能ですので、試してみましょう。

#### naruhodo、graphviz、pydotplusの導入

　以下のコマンドで各ライブラリをインストールします。

[ターミナル]

```
$ brew install graphviz
$ pip install -U pydotplus
$ pip install naruhodo
```

## ● サンプルコード

それでは、さっそく「今日はいい天気ですね」という簡単な例文で、係り受け結果の視覚的表示を行ってみましょう（ リスト3.1.4 ）。

リスト3.1.4 naruhodoを使った視覚的表示その1（ch03-01-04.ipynb）

**In**

```
# リスト 3.1.4
# naruhodoを使った視覚的表示その1

from naruhodo import parser
dp = parser(lang="ja", gtype="d")
dp.add('今日はいい天気ですね')
dp.show()
```

**Out**

この図と、 リスト3.1.2 や リスト3.1.3 の結果を見比べてください。「開始チャンク」「次のチャンク」「最終チャンク」「1つ前のチャンク」の意味が理解できると思います。

次に、「一郎は二郎が描いた絵を三郎に贈った。」という、もう少し複雑な文章で試してみます（ リスト3.1.5 ）。

リスト3.1.5 naruhodoを使った視覚的表示その2（ch03-01-04.ipynb）

**In**

```
# リスト 3.1.5
# naruhodoを使った視覚的表示その2
```

```
dp = parser(lang="ja", gtype="d")
dp.add('一郎は二郎が描いた絵を三郎に贈った。')
dp.show()
```

**Out**

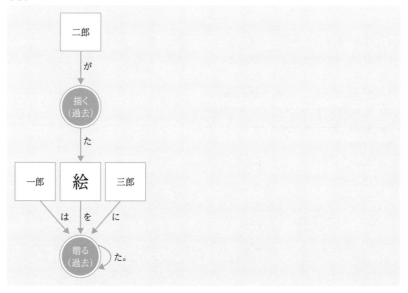

　このライブラリは複数の文の解析結果をまとめてグラフ表示することも可能です。
　最後に3つの文からなる、より複雑な例をグラフ化してみます。3つの文章に出てくる単語のうち、「田中三郎」「絵」「市場」は同一のものであると自動的に認識されて、このようなグラフが出力されることになります（ リスト3.1.6 ）。

リスト3.1.6 naruhodoを使った視覚的表示その3（ch03-01-04.ipynb）

**In**

```
# リスト 3.1.6
# naruhodoを使った視覚的表示その3

# グラフの初期化
dp.reset()
# 文を順番に沿って追加
dp.add("田中一郎は田中次郎が描いた絵を田中三郎に贈った。")
dp.add("田中三郎はこの絵を持って市場に行った。")
dp.add("市場には人がいっぱいだ。")
```

```
#　図を表示
dp.show()
```

**Out**

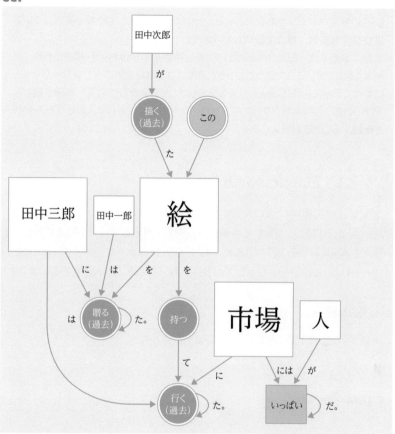

　今回の例題は文章が複雑で人間でも単語の関係が一瞬わからなくなります。

　このように図で示すと、単語間の関係を容易に理解できることがわかります。

　以上が、「係り受け」と呼ばれる従来技術の概要です。面白い技術なのですが、本書の1.1節で紹介した具体的なユースケースとの紐付けがなかなかイメージできないと思います。実際、この技術を実業務に活用した事例はあまり存在しません。AI技術を利用すると、この係り受けの考えを発展させ、より意味理解に近い「関係抽出」と呼ばれる技術が実現可能です。その詳細については第4章で紹介することになります。

# 3.2 検索

検索はテキスト分析の中で、最も歴史の古い技術です。本節では、代表的な OSS の検索エンジンである Elasticsearch を対象として検索で使われている重要な要素技術・概念を説明していきます。

なお、本節では、Elasticsearch に対する操作を Kibana の UI 経由で行うことが多くなります。ここで使うコマンドに関しては、本書専用のダウンロードサイトにすべてテキスト (kibana.txt) としてアップしておきましたので、本節を読むときは、このテキストをクリップボード経由で Kibana に対して入力しながら動作を確認することをお勧めします。

## 3.2.1 Elasticsearch の導入

まずは、代表的な OSS の検索エンジンである Elasticsearch を導入します。Elasticsearch は Java で動いているため、JDK を導入していない読者の方は、その導入を事前に行う必要があります。また、Elasticsearch に対する操作は Kibana という UI ツールを使って行うことが多いため、その導入もあわせて行います。

### ● JDK の導入

次のコマンドで JDK が導入されているか確認します。

[ターミナル]

```
$ java -version
```

まだ導入していない場合は、以下のサイトから JDK をダウンロードし、導入してください。

- **Java SE Downloads**
  URL  https://www.oracle.com/technetwork/java/javase/downloads/index.html

### ● Elasticsearch のダウンロードと導入

以下のコマンドで Elasticsearch をダウンロードして導入してください。以下の例では、$HOME/ES 配下に Elasticsearch 関係のファイルをダウンロードするようにしています。

[ターミナル]

```
# ダウンロード用作業ディレクトリ
$ mkdir $HOME/ES
$ cd $HOME/ES
# wgetの導入
$ brew install wget

# ダウンロード
$ wget https://artifacts.elastic.co/downloads/➡
elasticsearch/elasticsearch-7.0.0-darwin-x86_64.tar.gz

# 解凍
$ tar -xzf elasticsearch-7.0.0-darwin-x86_64.tar.gz
$ cd elasticsearch-7.0.0
```

## ● プラグインの導入

　後で日本語処理を行う際に必要になるので、以下のコマンドでプラグインの導入も行っておきます。

[ターミナル]

```
$ bin/elasticsearch-plugin install analysis-kuromoji
$ bin/elasticsearch-plugin install analysis-icu
```

( ! ) **ATTENTION**

### 導入時の警告メッセージ

プラグイン導入時にWARNINGメッセージがいくつか出ますが、実害はないので気にしなくて結構です。

## ● Elasticsearchの起動

　次のコマンドでElasticsearchの起動を行います。

[ターミナル]

```
$ bin/elasticsearch
```

コンソールにメッセージがいろいろ表示されますが、最後のほうに、

```
publish_address {127.0.0.1:9200}, bound_addresses ⇒
{[::1]:9200}, {127.0.0.1:9200}
```

というメッセージが表示されます。このメッセージが出たら、次のURLをブラウ
ザから入力してください。

[ブラウザのURL]

```
http://localhost:9200
```

次のような結果が返ってくれば、導入は成功しています。

**Out**

```
{
  "name" : "MasanoMacBook-Air.local",
  "cluster_name" : "elasticsearch",
  "cluster_uuid" : "w2oSDL1fRJucuJJVtblsfA",
  "version" : {
    "number" : "7.0.0",
    "build_flavor" : "default",
    "build_type" : "tar",
    "build_hash" : "b7e28a7",
    "build_date" : "2019-04-05T22:55:32.697037Z",
    "build_snapshot" : false,
    "lucene_version" : "8.0.0",
    "minimum_wire_compatibility_version" : "6.7.0",
    "minimum_index_compatibility_version" : "6.0.0-beta1"
  },
  "tagline" : "You Know, for Search"
}
```

## ● Kibanaの導入・起動

Elasticsearchの操作は、UIツールのKibanaを通して行うのが便利です。そのため、次にKibanaの導入を行います。

Elasticsearchのサーバーは起動したままの状態で、先ほどのElasticsearch用のターミナルと別に新しいターミナルウィンドウを開いて、次のコマンドを実行します。

**[ターミナル]**

```
# 作業用ディレクトリに移動
$ cd $HOME/ES
$ wget https://artifacts.elastic.co/downloads/kibana/➡
kibana-7.0.0-darwin-x86_64.tar.gz
$ tar -xzf kibana-7.0.0-darwin-x86_64.tar.gz
$ cd kibana-7.0.0-darwin-x86_64/
```

Kibanaの起動は以下のコマンドで行います。

**[ターミナル]**

```
$ bin/kibana
```

## ● Kibana UIの起動

Kibana UIの起動は次のURLをブラウザに入れて行います。

**[ブラウザのURL]**

```
http://localhost:5601
```

図3.2.1 のような画面が出れば、Kibana UIの起動に成功しています。画面右下の「Explore on my own」をクリックして、次の画面に遷移させてください。

**図3.2.1** Kibana の初期画面

すると **図3.2.2** のような画面が表示されるはずです。

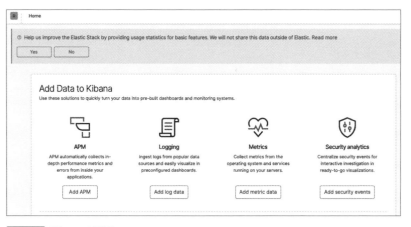

**図3.2.2** Kibana の画面

## ● 最初の問い合わせ

それでは、Kibana 経由で Elasticsearch に最初の問い合わせを行ってみましょう。画面左下のアイコンの中からレンチのアイコンをクリックします（ **図3.2.3** ）。

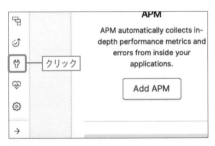

**図3.2.3** レンチアイコン

画面左下に **図3.2.4** のような入力エリアが現れます。

**図3.2.4** Kibanaの入力エリア

ここに **コマンド3.2.1** のような問い合わせ文を入力し、「実行」ボタンをクリックしてください。

なお問い合わせ文に関しては、ダウンロードサイトからダウンロードしたkibana.txtファイルをテキストエディターで開き、コピー&ペーストして使ってください。

**コマンド3.2.1** 問い合わせ文 (「kibana.txt」)

```
#####################
# kibana-3-2-1
# 最初の問い合わせ文
#####################

GET _search
{
  "query": {
    "match_all": {}
  }
}
```

すると 図3.2.5 のように、画面右側に問い合わせ結果が表示されます。

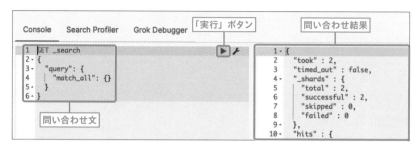

図3.2.5 KibanaによるElasticsearch問い合わせ結果の表示

## 3.2.2 Elasticsearchの利用

3.2.1項で導入したKibanaからREST APIを使ってElasticsearchを利用できます。いくつかの例題でその典型的な利用方法を確認してみましょう。

### ● Elasticsearchの用語

これからElasticsearchを実際に利用してみますが、その前にElasticsearch固有の概念・用語の整理をします。

Elasticsearchの概念は、通常のRDBと対応付けることが可能です。その対応は 表3.2.1 のようになります。

表3.2.1 RDBと対比したElasticsearchの概念

| RDB | Elasticsearch |
|---|---|
| データベース | Index |
| 表 | _doc(Type) |
| 行 | Document |

### ● 文書（Document）の投入

Elasticsearchへの文書投入は、PUTコマンドで行います。次の コマンド3.2.2 で3件の文書を順に投入します。

なお、入力テキストはkibana.txtに含まれているので、コマンド3.2.2 の内容をKibanaのコンソールにコピー＆ペーストして、「実行」ボタンをクリックしてく

ださい。3つのPUT文は独立したものなので、それぞれ別個に実行する必要があります。

コマンド3.2.2 Elasticsearchへの文書投入 (kibana.txt)

```
#####################
# kibana-3-2-2
# 文書の投入
#####################
```

```
PUT /names/_doc/1
{
    "title": "My Name Is Yamada",
    "name": {
        "first": "Taro",
        "last": "Yamada"
    },
    "content": "I love sushi."
}
```

```
PUT /names/_doc/2
{
    "title": "My Name Is Tanaka",
    "name": {
        "first": "Jiro",
        "last": "Tanaka"
    },
    "content": "I love soba."
}
```

```
PUT /names/_doc/3
{
    "title": "My Name Is Watanabe",
    "name": {
        "first": "Saburo",
        "last": "Watanabe"
    },
    "content": "I love tenpura."
}
```

## ● 文書の検索

検索は GET <Index名>/_searchで行います。コマンド3.2.3 に「title に Tanaka を含む文書」を検索する場合のコマンド例と、検索結果を示します。

文書の検索 (kibana.txt)

**In**

```
####################
# kibana-3-2-3
# 文書の検索
####################

GET names/_search
{
  "query": {
    "match": {
      "title": "Tanaka"
    }
  }
}
```

**Out**

```
{
  "took" : 15,
  "timed_out" : false,
  "_shards" : {
    "total" : 1,
    "successful" : 1,
    "skipped" : 0,
    "failed" : 0
  },
  "hits" : {
    "total" : {
      "value" : 1,
      "relation" : "eq"
    },
    "max_score" : 0.9808292,
    "hits" : [
      {
```

従来型テキスト分析・検索技術

```
      "_index" : "names",
      "_type" : "_doc",
      "_id" : "2",
      "_score" : 0.9808292,
      "_source" : {
        "title" : "My Name Is Tanaka",
        "name" : {
          "first" : "Jiro",
          "last" : "Tanaka"
        },
        "content" : "I love soba."
      }
    }
  ]
 }
}
```

　投入した3件の文書のうち、Tanakaさんだけがヒットしていることがわかり
ます。

# 3.3 日本語の検索

本節では前節に引き続いてElasticsearchを扱います。前節は、Elasticsearch全般の説明のため、検索対象文書は英語文書に限定していました。本節では日本語文書を取り扱います。日本語固有の複雑な話が何点かありますが、順を追って説明しますので、しっかり理解するようにしてください。

## ⬡ 3.3.1 Python APIの導入

前節で説明したように、Elasticsearchの操作はKibanaというUIインターフェースで行うのが普通です。しかしPython APIを利用することもできます。本節では、Elasticsearchに対する入力が複雑になることもあるので、すべてPython API経由での操作で実習を行うこととします。

> **! ATTENTION**
>
> **実習の前提**
>
> 本節の実習はすべて前節で説明したElasticsearchサーバーが起動していることが前提となります。

### ● Elasticsearchライブラリの導入

ターミナルで次のpipコマンドを入力して、Elasticsearchを導入してください。

```
$ pip install elasticsearch
```

### ● Python APIのテスト

Jupyter Notebookから リスト3.3.1 のNotebookを実行します。最初に接続テストを兼ねてElasticsearchインスタンスを生成します。

**リスト3.3.1** Elasticsearch サーバーへの接続 (ch03-03-01.ipynb)

**In**

```
# リスト 3.3.1 Elasticsearch サーバーへの接続

from elasticsearch import Elasticsearch
es = Elasticsearch()

# Elasticsearch サーバー情報の確認
es.info(pretty=True)
```

**Out**

```
{'name': 'MasanoMacBook-Air.local',
 'cluster_name': 'elasticsearch',
 'cluster_uuid': 'w2oSDL1fRJucuJJVtblsfA',
 'version': {'number': '7.0.5',
  'build_flavor': 'default',
  'build_type': 'tar',
  'build_hash': 'b7e28a7',
  'build_date': '2019-04-05T22:55:32.697037Z',
  'build_snapshot': False,
  'lucene_version': '8.0.0',
  'minimum_wire_compatibility_version': '6.7.0',
  'minimum_index_compatibility_version': '6.0.0-beta1'},
 'tagline': 'You Know, for Search'}
```

**! ATTENTION**

**API 呼び出しがエラーになった場合**

API 呼び出しがエラーになった場合、3.2.1 節で説明したコマンドでElasticsearch が起動しているかどうか確認してください。なお、本節のようにAPI経由で Elasticsearch を操作する場合、Kibana の起動は不要です。

　次に search 関数で検索を行います（**リスト3.3.2**）。検索対象と検索条件は前節の最後と同じで、インデックス：names に対して条件：title にTanaka を含むもの　とします。**リスト3.3.1** で生成したes インスタンスがあることがコード実行の前提ですので、注意してください。

In

```python
# リスト 3.3.2 search関数による検索

# 検索用JSONの設定
body = {
  "query": {
    "match": {
      "title": "Tanaka"
    }
  }
}

# 検索実行
res = es.search(index = "names", body = body)

# 結果表示
import json
print(json.dumps(res, indent=2, ensure_ascii=False))
```

Out

```json
{
  "took": 169,
  "timed_out": false,
  "_shards": {
    "total": 1,
    "successful": 1,
    "skipped": 0,
    "failed": 0
  },
  "hits": {
    "total": {
      "value": 1,
      "relation": "eq"
    },
    "max_score": 0.9808292,
    "hits": [
      {
        "_index": "names",
```

従来型テキスト分析・検索技術

```
      "_type": "_doc",
      "_id": "2",
      "_score": 0.9808292,
      "_source": {
        "title": "My Name Is Tanaka",
        "name": {
          "first": "Jiro",
          "last": "Tanaka"
        },
        "content": "I love soba."
      }
    }
  ]
  }
}
```

前節と同じ結果がJupyter Notebookからも取得できたことがわかると思います。

なお、ElasticsearchのPython APIでは、本節で紹介した以外のことも可能です。より詳細なことを知りたい場合は、以下のAPIリファレンスを参照してください。

● **Elasticsearch：API Documentation**
URL https://elasticsearch-py.readthedocs.io/en/master/api.html

## 3.3.2 日本語用のアナライザ設定

日本語を検索対象とする場合に重要なのがアナライザの設定です。アナライザとは、文書をインデックスに保存する、あるいは検索文から検索用の単語（正確にはトークン）を抽出するために行われる処理のことを指します。

日本語の検索エンジンで検索精度をよくするためには、例えば「メモリ」という検索文字列で「ﾒﾓﾘ」の単語と対応付けることや、「メモリー」と「メモリ」を同一単語として扱うような仕組みが必要になります。そのための処理フローの定義が、これから説明するアナライザの設定ということになります。

### ● 空の辞書ファイルの作成

以降の設定では、辞書ファイル**my_jisho.dic**を使うことが前提になってい

ます。ファイルが存在しないと登録エラーになるので、事前に以下のコマンドで
辞書の空ファイルを作っておきましょう。

**[ターミナル]**

```
$ cd $HOME/ES
$ touch elasticsearch-7.0.0/config/my_jisho.dic
```

## ● 日本語用インデックスの登録

jp_indexというインデックスを新たに作り、日本語用のアナライザの設定
を行います（ リスト3.3.3 ）。

> (!) A T T E N T I O N
>
> **リスト3.3.3** の実行の前提
>
> **リスト3.3.3** を実行するためには、
>
> ● 3.2節で説明したElasticsearchサーバーが起動している
> ● ch03-03-03.ipynbの冒頭のセルでElasticsearchインスタンスが生成されている
>
> の2点が前提となります。

リスト3.3.3 日本語用インデックスの登録 (ch03-03-03.ipynb)

In

```
# リスト3.3.3 日本語用インデックスの登録
# インデックス作成用JSONの定義
create_index = {
    "settings": {
        "analysis": {
            "filter": {
                "synonyms_filter": { # 同義語フィルターの定義
                    "type": "synonym",
                    "synonyms": [ #同義語リストの定義 (⇒
今は空の状態)
                        ]
                }
```

```
                },
                "tokenizer": {
                    "kuromoji_w_dic": { # カスタム形態素解析の定義
                    "type": "kuromoji_tokenizer", ➡
# kuromoji_tokenizerをベースにする
                        # ユーザー辞書としてmy_jisho.dicを追加
                        "user_dictionary": "my_jisho.dic"
                    }
                },
                "analyzer": {
                    "jpn-search": { # 検索用アナライザの定義
                        "type": "custom",
                        "char_filter": [
                            "icu_normalizer", # 文字単位の正規化
                            "kuromoji_iteration_mark" ➡
# 繰り返し文字の正規化
                        ],
                        "tokenizer": "kuromoji_w_dic", ➡
# 辞書付きkuromoji形態素解析
                        "filter": [
                            "synonyms_filter", # 同義語展開
                            "kuromoji_baseform", # 活用語の原型化
                            "kuromoji_part_of_speech", ➡
# 不要品詞の除去
                            "ja_stop", #不要単語の除去
                            "kuromoji_number", # 数字の正規化
                            "kuromoji_stemmer" #長音の正規化
                        ]
                    },
                    "jpn-index": { # インデックス生成用アナライザ➡
の定義
                        "type": "custom",
                        "char_filter": [
                            "icu_normalizer", # 文字単位の正規化
                            "kuromoji_iteration_mark" ➡
# 繰り返し文字の正規化
                        ],
                        "tokenizer": "kuromoji_w_dic", ➡
# 辞書付きkuromoji形態素解析
                        "filter": [
```

```
                                "kuromoji_baseform", # 活用語の原型化
                                "kuromoji_part_of_speech", ➡
        # 不要品詞の除去

                                "ja_stop", #不要単語の除去
                                "kuromoji_number", # 数字の正規化
                                "kuromoji_stemmer" #長音の正規化
                    ]
                }
            }
        }
    }
}

# 日本語用インデックス名の定義
jp_index = 'jp_index'

# 同じ名前のインデックスがすでにあれば削除する
if es.indices.exists(index = jp_index):
    es.indices.delete(index = jp_index)

# インデックス jp_doc の生成
es.indices.create(index = jp_index, body = create_index)
```

**Out**

```
{'acknowledged': True, 'shards_acknowledged': True, ➡
'index': 'jp_index'}
```

　インデックス作成がうまくいくと、 リスト3.3.3 の実行結果が返ってくるはずです。上記の設定でどのようなことを行っているのか、簡単に説明します。

## ● アナライザの役割

　Elasticsearchでは、アナライザがテキスト文に対して前処理を行います。前処理は、インデックスに投入する文書、検索文字列の両方に対して行われます。
　どのような順番でどういう前処理を行うか、指定するのが custom analyser の役割となります。 リスト3.3.3 のサンプル構成の中ではjpn-indexがインデックスに投入される文書に対する前処理、jpn-searchが検索文字列に対する前処理の指定となります。

## ● アナライザの処理順序

**図3.3.1** アナライザの処理順序

**図3.3.1** を見てください。アナライザには、以下の3種類があり、処理対象テキストに対してこの順番に作用します。

1. Character Filter（1文字ずつの処理）
2. Tokenizer（トークン化。単語区切りにする処理）
3. Token Filter（各トークンに対する処理）

上記のサンプル構成では、以下が設定されていることになります。

```
Character Filter: icu_normalizer, kuromoji_mark
Tokenizer: kuromoji_tokenizer
Token Filter: kuromoji_baseform,
kurompji_part_of_speech,
ja_stop, kuromoji_number, kuromoji_stemmer
```

文書登録時には、この処理の出力のトークンがインデックスに対して登録されることになります。

文書検索時には、出力のトークンが検索語となり、インデックス内の文書とのマッチングが行われます。このような仕組みが動き、結果的に「メモリー」という語を含んだ文章が「メモリ」という検索語に対してもヒットするようになります。

## ● Pythonによるアナライザの結果表示

個々の文書、単語に対するアナライザの分析結果を調べるための関数がanalyseになります。ここで リスト3.3.4 のような分析結果表示関数を定義して、その動きを簡単に調べられるようにしましょう。

**MEMO**

> リスト3.3.4 〜 リスト3.3.11 の処理について
>
> リスト3.3.4 〜 リスト3.3.11 は一連の処理なので、Notebookとしては同一のファイルを利用します。

リスト3.3.4 分析結果表示関数analyse_jp_test (ch03-03-03.ipynb)

**In**

```python
# リスト 3.3.4 分析結果表示関数 analyse_jp_test

def analyse_jp_text(text):
    body = {"analyzer": "jpn-search", "text": text}
    ret = es.indices.analyze(index = jp_index, body =
body)
    tokens = ret['tokens']
    tokens2 = [token['token'] for token in tokens]
    return tokens2

# analyse_jp_test関数のテスト
print(analyse_jp_text('関数のテスト'))
```

**Out**

```
['関数', 'テスト']
```

## ● 個々のフィルターの処理内容

それでは、個々のフィルターはどのような処理をしているのでしょうか？ その処理内容を簡単に説明します。

## ● icu_normalizer
## ICU Normalization Character Filter

文字の正規化を行います。Unicodeにおける正規化とは、合成文字に関する分解・合成の統一、同じ文字の半角・全角の統一、その他の記号類の統一を意味します。例えば次の例1では、半角カタカナを全角カタカナに変換しています。

**[例1]**

| アパート → アパート |
|---|

少し驚く例として、次のような変換を行ってくれます（このような文字が存在すること自体が驚きですが……）。

**[例2]**

| ㌀ → アパート |
|---|

上記の2例を リスト3.3.4 で定義した分析結果表示関数 analyse_jp_test で確かめてみましょう（ リスト3.3.5 ）。

リスト3.3.5 icu_normalizerのテスト (ch03-03-03.ipynb)

**In**

```
# リスト 3.3.5 icu_normalizerのテスト

print(analyse_jp_text('アパート'))
print(analyse_jp_text('㌀'))
```

**Out**

```
['アパート']
['アパート']
```

## ● kuromoji_iteration_mark
   kuromoji_iteration_mark character filter

「踊り字」と呼ばれる同じ文字の繰り返しを表す文字を元の文字に置き換えて正規化します。

**[例3]**

| 時々 → 時時 |
|---|

次のような繰り返し文字も、普通の文字に展開されます。

**[例4]**

| こゝろ → こころ |
|---|

**[例5]**

学問のすゝめ　→　学問のすすめ

　これらの例も分析結果表示関数で確かめてみましょう（ リスト3.3.6 ）。

リスト3.3.6 kuromoji_iteration_markのテスト（ch03-03-03.ipynb）

**In**

```
# リスト 3.3.6 kuromoji_iteration_markのテスト

print(analyse_jp_text('時々'))
print(analyse_jp_text('こゝろ'))
print(analyse_jp_text('学問のすゝめ'))
```

**Out**

```
['時時']
['こころ']
['学問', 'すすめ']
```

## ⊚ kuromoji_tokenizer kuromoji tokenizer

　第2章で詳しく説明した形態素解析です。Elasticsearchの内部ではkuromojiと呼ばれる形態素解析エンジンが使われています。日本語は、この処理を通ることで、単語単位の分かち書きの状態に変換されることになります。

　単語の切り方は、システムで標準で持っている辞書（IPA辞書）に基づいて行われます。単語の切り方を調整したい場合、後ほど説明するように、形態素解析用の辞書をカスタムで拡張することで対応します。

## ⊚ synonyms_filter synonyms filter

　いわゆる同義語用のフィルターです。例えばCPUの同義語として演算装置が定義されていた場合、CPUを検索語に検索するとCPUを含む文書も演算装置を含む文書も検索結果に含まれることになります。

　同義語による展開は、検索語に対してだけ行い、インデックス上の文書で行う必要はありません。それでsynonyms_filterは検索語用の定義に対してのみ含まれています。

## kuromoji_baseform kuromoji baseform

動詞のように活用により語尾が変化している単語を原形に直します。

[例6]

飲み → 飲む

例によって分析結果表示関数analyse_jp_testで確かめてみましょう
(リスト3.3.7)。

リスト3.3.7 kuromoji_baseformのテスト (ch03-03-03.ipynb)

In

```
# リスト 3.3.7 kuromoji_baseformのテスト

print(analyse_jp_text('昨日、飲みに行った。'))
```

Out

```
['昨日', '飲む', '行く']
```

## kuromoji_part_of_speech
kuromoij part of speech

検索に有用でない、助詞などを品詞単位で除去します。

[例7]

寿司がおいしい → 「寿司」「おいしい」

これも分析結果表示関数で確かめてみます (リスト3.3.8)。

リスト3.3.8 kuromoji_part_of_speechのテスト (ch03-03-03.ipynb)

In

```
# リスト 3.3.8 kuromoji_part_of_speechのテスト

print(analyse_jp_text('この店は寿司がおいしい。'))
```

**Out**

```
['店', '寿司', 'おいしい']
```

　具体的にどのような品詞が除去されているかは、下記のリンク先で、頭に#の付いていない行を見ることでわかります。

- **stoptags.txt**
  URL https://raw.githubusercontent.com/apache/lucene-solr/master/lucene/analysis/
  kuromoji/src/resources/org/apache/lucene/analysis/ja/stoptags.txt

- **stoptags.txt（短縮URL）**
  URL http://bit.ly/2IqSTgh

## ◦ ja_stop  ja stopword

　頻出語句で、検索に有用でない言葉を除去します。

[例8]

```
これ、それ、しかしなど
```

　ここでも分析結果表示関数analyse_jp_testで確認してみましょう（ リスト3.3.9 ）。

リスト3.3.9 ja_stopのテスト（ch03-03-03.ipynb）

**In**

```
# リスト 3.3.9 ja_stopのテスト

print(analyse_jp_text('しかし、これでいいのか迷ってしまう。'))
```

**Out**

```
['いい', '迷う', 'しまう']
```

　具体的にどのような単語が除去されているかは、下記のリンク先でわかります。

- **lucene-solr**
  URL https://github.com/apache/lucene-solr/blob/master/lucene/analysis/kuromoji/src/
  resources/org/apache/lucene/analysis/ja/stopwords.txt

- **lucene-solr（短縮URL）**
  URL http://bit.ly/2K78wN1

## ◉ kuromoji_number kuromoji number

漢数字を半角アラビア数字に変換します。

[例9]

---
一億二十三 → 100000023
---

分析結果表示関数 analyse_jp_test のテスト結果は リスト3.3.10 の通りです。

リスト3.3.10 kuromoji_numberのテスト (ch03-03-03.ipynb)

**In**

```
# リスト 3.3.10 kuromoji_numberのテスト

print(analyse_jp_text('一億二十三'))
```

**Out**

```
['100000023']
```

## ◉ kuromoji_stemmer kuromoji stemmer

長音を除去します。

[例10]

---
コンピューター→ コンピュータ
---

分析結果表示関数 analyse_jp_test のテスト結果は リスト3.3.11 の通りです。

リスト3.3.11 kuromoji_stemmerのテスト (ch03-03-03.ipynb)

**In**

```
# リスト 3.3.11 kuromoji_stemmerのテスト

print(analyse_jp_text('コンピューターを操作する'))
```

**Out**

```
['コンピュータ', '操作']
```

###  3.3.3　日本語文書の検索

　次に3.3.2項で説明したアナライザを設定した状態で、簡単な日本語文書の検索を試してみましょう。

## ● マッピングの設定

　アナライザの設定を検索時に有効にするために次のようなマッピングの設定が必要です。これは、インデックスに投入する文書のどの項目に対してどのアナライザを使うかを指定するものです。今回の例題では、`content`という項目に対して日本語文書検索を有効にしたいので、リスト3.3.12のように`put_mapping`関数を呼び出して行います。

> **MEMO**
>
> **リスト3.3.12 から リスト3.3.14 の処理について**
>
> リスト3.3.12 から リスト3.3.14 は一連の処理なので、Notebookとしては同一のファイルを利用します。

> **⚠ ATTENTION**
>
> **リスト3.3.12 の実行の前提**
>
> リスト3.3.12 を実行するためには、
>
> - 3.2節で説明したElasticsearchサーバーが起動している
> - ch03-03-12.ipynbのNotebookで リスト3.3.12 までのすべてのセルが実行されている
>
> の2点が前提となります。

リスト3.3.12 マッピングの設定（ch03-03-12.ipynb）

**In**

```
# リスト 3.3.12 マッピングの設定

mapping = {
    "properties": {
        "content": {
            # Elasticsearch v6以降では形態素解析を利用したい➡
場合 typeはtextにする
            # 完全一致型の項目は keywordとする
            # v5で使えたstringは使えないので注意する
            "type": "text",
            # インデックス生成時アナライザの設定
            "analyzer": "jpn-index",
            # 検索時アナライザの設定
            "search_analyzer": "jpn-search"
        }
    }
}
es.indices.put_mapping(index = jp_index,  ➡
body = mapping)
```

**Out**

```
{'acknowledged': True}
```

## ● 日本語文書の投入

次に日本語文書の投入を行います。 リスト3.3.13 では次の3つの文書を投入することにします。実際の文書投入は index 関数呼び出しで行います。

リスト3.3.13 日本語文書の投入（ch03-03-12.ipynb）

**In**

```
# リスト 3.3.13 日本語文書の投入

bodys = [
    { "title": "山田太郎の紹介",
    "name": {
```

```
            "last": "山田",
            "first": "太郎"
        },
        "content": "スシが好物です。犬も好きです。"},
        { "title": "田中次郎の紹介",
        "name": {
            "last": "田中",
            "first": "次郎"
        },
        "content": "そばがだいすきです。ねこも大好きです。"},
        { "title": "渡辺三郎の紹介",
        "name": {
            "last": "渡辺",
            "first": "三郎"
        },
        "content": "天ぷらが好きです。新幹線はやぶさのファンです。"}
]

for i, body in enumerate(bodys):
    es.index(index = jp_index, id = i, body = body)
```

## ● 日本語文書の検索

　次に検索を行います。検索では半角の「ｽｼ」を文字列に指定します（ リスト3.3.14 ）。前述で説明したアナライザを使うと、正規化処理により全角のスシに変換されて検索が行われるはずです。

リスト3.3.14 日本語文書の検索 (ch03-03-12.ipynb)

In

```
# リスト 3.3.14 日本語文書の検索

# 検索条件の設定
query = {
    "query": {
        "match": {
            "content": "ｽｼ"
        }
    }
```

```
}

# 検索実行
res = es.search(index = jp_index, body = query)

# 結果表示
import json
print(json.dumps(res, indent=2, ensure_ascii=False))
```

Out

```
{
  "took": 470,
  "timed_out": false,
  "_shards": {
    "total": 1,
    "successful": 1,
    "skipped": 0,
    "failed": 0
  },
  "hits": {
    "total": {
      "value": 1,
      "relation": "eq"
    },
    "max_score": 1.0417082,
    "hits": [
      {
        "_index": "jp_index",
        "_type": "_doc",
        "_id": "0",
        "_score": 1.0417082,
        "_source": {
          "title": "山田太郎の紹介",
          "name": {
            "last": "山田",
            "first": "太郎"
          },
          "content": "スシが好物です。犬も好きです。"
        }
```

```
            }
        ]
    }
}
```

リスト3.3.14 の結果を見ると、予想通り「スシ」を含んだ文書がヒットしていることがわかります。

### 3.3.4 高度な日本語検索（同義語・辞書の利用）

以上で基本的な日本語検索はできるようになりました。しかし、実際の検索要件では、うまくいかないケースがあります。例えば次のような場合です。

- 「寿司」で検索して「鮨」も「スシ」もマッチさせたい
- 「新幹線はやぶさ」のような業務固有の用語で検索をしたい

この問題に対応するために必要なのが同義語と辞書の利用です。具体的には、前者の要件を実現するのが同義語、後者の要件を実現するのが辞書ということになります。本項では、日本語Elasticsearchにおいて、同義語と辞書をどのように定義するのか説明していきます。

#### 同義語の定義

最初に同義語の定義を行ってみます。そのためには、リスト3.3.3 で紹介したインデックス作成用JSONの中で、synonyms_filterの中に同義語となる言葉のグループを定義します。具体的な変更部分は リスト3.3.15 の箇所です。

> **(!) ATTENTION**
>
> **リスト3.3.15 について**
>
> リスト3.3.15 では、同義語を使う場合の変更部分のみのコードを示します。
> リスト3.3.15 を含めた、プログラムとして稼働する構成ファイル全体は、サンプルのJupyter Notebookを参照してください。

**リスト3.3.15** の実行の前提

**リスト3.3.15** を実行するためには、

- 3.2節で説明したElasticsearchサーバーが起動している
- ch03-03-15.ipynbのNotebookで **リスト3.3.15** までのすべてのセルが実行されている

の2点が前提となります。

---

**リスト3.3.15** 同義語の定義（ch03-03-15.ipynb）

In

```
# リスト3.3.15 同義語の定義
# インデックス作成用JSONの定義
create_index = {
    "settings": {
        "analysis": {
            "filter": {
                "synonyms_filter": { # 同義語フィルターの定義
                    "type": "synonym",
                    "synonyms": [ #同義語リストの定義
                        "すし,スシ,鮨,寿司"
                        ]
                        (…略…)
                }
            }
        }
    }
}
(…略…)
```

## ● 同義語のテスト

それでは、以前に使った分析結果表示関数analyse_jp_testを使って、この同義語の定義がどのような効果をもたらしているかを調べてみます。調査対象

の文章としては、「寿司を食べたい」「私はスシが好きだ」とします（ リスト3.3.16 ）。

リスト3.3.16 同義語のテスト（ch03-03-15.ipynb）

In

```
# リスト 3.3.16 同義語のテスト

print(analyse_jp_text('寿司を食べたい'))
print(analyse_jp_text('私はスシが好きだ'))
```

Out

```
['寿司', 'すし', 'スシ', '鮨', '食べる']
['私', 'スシ', 'すし', '鮨', '寿司', '好き']
```

リスト3.3.16 のテスト結果を見るとわかる通り、検索時の文字列には「寿司」あ
るいは「スシ」しかなかったのに、アナライザを通した結果としては「スシ」「す
し」「寿司」「鮨」の4つの文字を入れたのと同じ結果になります。このような背
後の仕組みにより、同義語によるマッチングが行われていることになります。こ
の様子を 図3.3.2 に示しました。

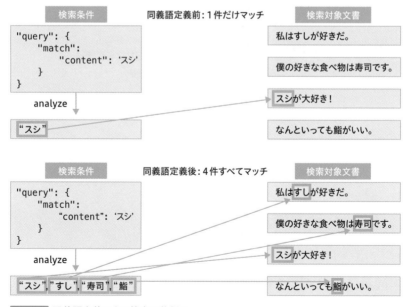

図3.3.2 同義語定義による検索の仕組み

## ● 同義語による検索

それでは、同義語による検索を確認します。テスト対象文書は先ほどテストで使ったのと同じものを利用します。

今度は、検索語を「鮨」に変更してみます。 リスト3.3.17 のコードでは検索の関数呼び出しのみ行っていますが、実際には、一度インデックス定義をやり直している関係で、マッピングの定義と文書投入もやり直す必要があります。

> (!) ATTENTION
>
> リスト3.3.17 の実行の前提
>
> リスト3.3.17 を実行するためには、
>
> ● 3.2節で説明したElasticsearchサーバーが起動している
> ● ch03-03-15.ipynbの リスト3.3.17 までのセルが全部実行されている
>
> の2点が前提となります。

リスト3.3.17 同義語による検索 (ch03-03-15.ipynb)

In

```
# リスト 3.3.17 同義語による検索

# 検索条件の設定
query = {
    "query": {
        "match": {
            "content": '寿司'
        }
    }
}

# 検索実行
res = es.search(index = jp_index, body = query)

# 結果表示
import json
print(json.dumps(res, indent=2, ensure_ascii=False))
```

**Out**

```
{
  "took": 20,
  "timed_out": false,
  "_shards": {
    "total": 1,
    "successful": 1,
    "skipped": 0,
    "failed": 0
  },
  "hits": {
    "total": {
      "value": 1,
      "relation": "eq"
    },
    "max_score": 1.7349341,
    "hits": [
      {
        "_index": "jp_index",
        "_type": "_doc",
        "_id": "0",
        "_score": 1.7349341,
        "_source": {
          "title": "山田太郎の紹介",
          "name": {
            "last": "山田",
            "first": "太郎"
          },
          "content": "スシが好物です。犬も好きです。"
        }
      }
    ]
  }
}
```

　確かに検索条件「鮨」で「スシ」を含んだテキストを検索することができました。同義語が正しく機能していることがわかります。

## ● 辞書の必要性

　次に辞書定義の例題を実施してみましょう。その前にどのようなケースで辞書が必要になるのか考えてみます。

　図3.3.2 をもう一度見てください。Elasticsearchのような検索エンジンによる検索とは結局、インデックス内の文書と、検索文のトークン同士のマッチングです。そのため、形態素解析の段階で検索対象の単語が意図しない形に分割されてしまうと、その単語を利用した検索が一切行えないということがよく発生します。この事象は特に平仮名だけから構成される固有名詞に起こりがちです。典型的な例として北海道新幹線「はやぶさ」について考えてみましょう。

　ここでも分析結果表示関数 analyse_jp_text で「新幹線はやぶさ」と「はやぶさ」を分析してみます（ リスト3.3.18 ）。

リスト3.3.18 「新幹線はやぶさ」と「はやぶさ」の分析 (ch03-03-15.ipynb)

In

```
# リスト 3.3.18 「新幹線はやぶさ」と「はやぶさ」の分析結果

print(analyse_jp_text('新幹線はやぶさ'))
print(analyse_jp_text('はやぶさ'))
```

Out

```
['新幹線', 'やぶる']
['はや', 'ぶす']
```

　元のテキストからは想像もつかない分析結果となってしまいました。特に「新幹線はやぶさ」は「新幹線」「は」「やぶ」「さ」と形態素解析されたらしく、「はやぶさ」のかけらも残っていません。ということは リスト3.3.13 にあるように「新幹線はやぶさ」が趣味の渡辺三郎さんは、「はやぶさ」の検索キーワードにマッチにしないのではないかと想像されます。さっそくこの検索を行ってみましょう（ リスト3.3.19 ）。

リスト3.3.19 キーワード「はやぶさ」で検索 (ch03-03-15.ipynb)

In

```
# リスト 3.3.19 キーワード「はやぶさ」で検索

# 検索条件の設定
query = {
```

```
        "query": {
            "match": {
                "content": 'はやぶさ'
            }
        }
    }
}

# 検索実行
res = es.search(index = jp_index, body = query)

# 結果表示
import json
print(json.dumps(res, indent=2, ensure_ascii=False))
```

Out

```
{
  "took": 3,
  "timed_out": false,
  "_shards": {
    "total": 1,
    "successful": 1,
    "skipped": 0,
    "failed": 0
  },
  "hits": {
    "total": {
      "value": 0,
      "relation": "eq"
    },
    "max_score": null,
    "hits": []
  }
}
```

　予想通りの結果となりました。こういうときこそ、辞書の出番となります。さっそく「はやぶさ」を固有名詞として辞書登録してみましょう。

## ● 辞書の登録

まず、次のコマンドで、辞書に「はやぶさ」を登録します。辞書の書式は、以下の形式です。

**[辞書の書式]**

```
[ 単語 ] , [ 解析後の単語 ] , [ フリガナ ] , [ 品詞 ]
```

**[例]**

```
はやぶさ , はやぶさ , ハヤブサ , 固有名詞
```

**[ターミナル]**

```
$ echo "はやぶさ , はやぶさ , ハヤブサ , 固有名詞" >> $HOME/ES/➡
elasticsearch-7.0.0/config/my_jisho.dic
```

次にインデックスの作成から新規にやり直します（ リスト 3.3.20 ）。その後で、再度「新幹線はやぶさ」と「はやぶさ」の分析を行います。

⊕ **A T T E N T I O N**

リスト 3.3.20 について

実際には、辞書登録後にインデックス再作成を行っています。

⊕ **A T T E N T I O N**

リスト 3.3.20 の実行の前提

リスト 3.3.20 を実行するためには、

● 3.2 節で説明した Elasticsearch サーバーが起動している
● ch03-03-20.ipynb の リスト 3.3.20 までのセルが全部実行されている

の 2 点が前提となります。

In

```
# リスト 3.3.20 辞書登録後の「新幹線はやぶさ」と「はやぶさ」の分析結果

print(analyse_jp_text('新幹線はやぶさ'))
print(analyse_jp_text('はやぶさ'))
```

Out

```
['新幹線', 'はやぶさ']
['はやぶさ']
```

　うまくいきました。今度は検索をしても「渡辺三郎」がヒットしそうです。実際に確かめてみましょう（リスト3.3.21）。

> ⚠ **A T T E N T I O N**
>
> リスト3.3.21 について
>
> 実際には、辞書登録後にインデックスの再作成、文書の再投入を行っています。

リスト3.3.21 辞書登録後にキーワード「はやぶさ」で検索（ch03-03-20.ipynb）

In

```
# リスト 3.3.21 辞書登録後にキーワード「はやぶさ」で検索

# 検索条件の設定
query = {
    "query": {
        "match": {
            "content": 'はやぶさ'
        }
    }
}

# 検索実行
res = es.search(index = jp_index, body = query)
```

```
# 結果表示
import json
print(json.dumps(res, indent=2, ensure_ascii=False))
```

**Out**

```
{
  "took": 6,
  "timed_out": false,
  "_shards": {
    "total": 1,
    "successful": 1,
    "skipped": 0,
    "failed": 0
  },
  "hits": {
    "total": {
      "value": 1,
      "relation": "eq"
    },
    "max_score": 0.95298225,
    "hits": [
      {
        "_index": "jp_index",
        "_type": "_doc",
        "_id": "2",
        "_score": 0.95298225,
        "_source": {
          "title": "渡辺三郎の紹介",
          "name": {
            "last": "渡辺",
            "first": "三郎"
          },
          "content": "天ぷらが好きです。新幹線はやぶさのファンです。"
        }
      }
    ]
  }
}
```

意図した通り「はやぶさ」の検索キーワードで「渡辺三郎」をヒットさせることができました。

　ここでは説明のため簡単な例で確認しましたが、実際のユースケースでもElasticsearchで意図した検索結果が得られない場合、ここで説明した形態素解析の予期しない動きで起きているケースがほとんどです。その場合、例で説明した「辞書」の登録をまず行うことをお勧めします。

---

📝 **MEMO**

## Elasticsearchにおけるmatch以外の検索コマンド

　本節では、Elasticsearchのインデックスに登録した文書を検索するのに、matchコマンドを利用しました。

　matchコマンドは、以下の特徴を持つ、高度な検索機能となります。

- 検索文字列に対してアナライザが作用して検索前処理が行われる
- 検索結果はスコアにより評価される

　Elasticsearchではこのmatchコマンド以外にも、いくつかの検索コマンドがあります。

　代表的なものとしては、次の2つがあります。

- term：スコアを持たず、完全一致検索をしたいときに利用する
- bool：複数の条件を組み合わせた検索をしたいときに利用する

　また、これ以外に3.5節で紹介する類似検索を行う際には、more_like_thisというコマンドが利用されることになります。これらのElasticsearch検索のより詳細なことを知りたい場合は、下記のAPIリファレンスなどを参照してください。

- **Elasticsearch Reference [7.4]**[*1]**：Query DSL**
  URL　https://www.elastic.co/guide/en/elasticsearch/reference/current/query-dsl.html

---

※1　バージョンは今後変わる場合があります。

# 3.4　検索結果のスコアリング

> あまり意識されることがないのですが、検索機能で重要なのが表示順です。
> 特に検索結果が数十件以上と数多くなった場合、本当に欲しい情報を上位に出
> すことは、調査の時間を減らすことに直結します。このために利用される技術が
> スコアリングです。
> 本節では、TF-IDFという古くから利用されてきたスコアリングの考え方を説明し
> た後、Elasticsearchではこの技術がどのように応用されているか紹介します。

検索エンジンにおいて、検索対象のキーワードを含む文書を見つけることは、検索インデックスの技術を利用すればそれほど難しいことではありません。

しかし、対象文書数が膨大になると、検索条件に合致する文書も大量に出ます。この膨大な結果の中からユーザーが本当に見つけたいものを探し出すことは簡単ではありません。Googleの検索エンジンは、この課題に対して「相互リンク」という概念を考え出し、「より多くリンクが張られている文書はより重要である」というコンセプトに基づいてユーザーのニーズにかなったスコアリング方法を実装したことが、Google社のビジネスとして大成功のきっかけになりました。

イントラネットの世界では、この「相互リンク」の考え方は通用しません。そのような制約がある中で、どうやって重要な文書を上位に出すかの工夫がこれから紹介する「スコアリング」の目的となります。

本節ではまず、重要なスコアリングの考え方としてTF-IDFを紹介します。さらに、TF-IDFの応用としてElasticsearchのスコアリングの考え方を紹介します。

## 3.4.1　TF-IDF

TF-IDFとは、TF（Term Frequency、単語の出現頻度）とIDF（Inverse Document Frequency、逆文書頻度）の積により計算される指標値で、文書中に含まれる単語の重要性を計算するのに用いられます。TFとIDFの計算式は以下の形で示されます。

$$tf = \frac{文書Aにおける単語Xの出現頻度}{文書Aにおける全単語の出現頻度の和}$$

$$idf = \log\left(\frac{全文書数}{単語Xを含む文書数}\right)$$

TF-IDFは、この2つの指標値の積として、以下の式で定義されます。

$$\text{TF-IDF} = tf \cdot idf$$

ここでポイントとなるのは、単語の出現頻度 $tf$ だけでなく、$idf$ と呼ばれる指標値も計算に用いられている点です。この IDF の値は単語 $X$ がめったに出現しないものであれば、大きな値を取ることになるので、単語の希少度を表していると考えられます。めったに出てこない単語はより重要であるということです。TF-IDF の考え方自体はとても古くからあったものなのですが、この評価方法は非常に実用的であったため長いこと利用され続けてきました。

少し長くなるのですが、この TF-IDF の利用例を以下の リスト3.4.1 で紹介します。リスト3.4.1 のサンプルコードは次の処理を行っています。

- 日本百名湯のリストを元に、Wikipediaから該当記事をダウンロード
- それぞれの記事を形態素解析にかけて、名詞と形容詞のみ抽出したのち、ブランクで分かち書きの形式に変換
- 変換後のテキストを TF-IDF 用のライブラリにかけて $tf\text{-}idf$ 値を計算
- 温泉毎に、$tf\text{-}idf$ 値の大きな単語をリスト表示

リスト3.4.1 のサンプルコードの全体は ch03-04-01.ipynb にありますので、全体はそちらを参照してください。Wikipediaからの文書取得、形態素解析の実行など、2.1節、2.2節で説明済みの部分は、解説を省略し、以下ではTF-IDF固有の部分のみ概要を解説します。

なお事前にJanomeとWikipediaのライブラリを以下のpipコマンドで導入しておいてください。

[ターミナル]

```
$ pip install janome
$ pip install wikipedia
```

リスト3.4.1 Wikipediaの日本百名湯記事をTF-IDFで分析 (ch03-04-01.ipynb)

In

```
# リスト 3.4.1 Wikipediaの日本百名湯記事をTF-IDFで分析

# 日本百名湯のうち、Wikipediaに記事のある温泉のリスト
```

```
spa_list = ['菅野温泉','養老牛温泉','定山渓温泉','登別温泉',➡
'洞爺湖温泉','ニセコ温泉郷','朝日温泉（北海道）',
            '酸ヶ湯温泉','蔦温泉','花巻南温泉峡','夏油温泉',➡
'須川高原温泉','鳴子温泉郷','遠刈田温泉','峩々温泉',
            '乳頭温泉郷','後生掛温泉','玉川温泉（秋田県）',➡
'秋ノ宮温泉郷','銀山温泉','瀬見温泉','赤倉温泉（山形県）',
            '東山温泉','飯坂温泉','二岐温泉','那須温泉郷',➡
'塩原温泉郷','鬼怒川温泉','奥鬼怒温泉郷',
            '草津温泉','伊香保温泉','四万温泉','法師温泉',➡
'箱根温泉','湯河原温泉',
            '越後湯沢温泉','松之山温泉','大牧温泉','山中温泉',➡
'山代温泉','粟津温泉',
            '奈良田温泉','西山温泉（山梨県）','野沢温泉',➡
'湯田中温泉','別所温泉','中房温泉','白骨温泉','小谷温泉',
            '下呂温泉','福地温泉','熱海温泉','伊東温泉',➡
'修善寺温泉','湯谷温泉（愛知県）','榊原温泉','木津温泉',
            '有馬温泉','城崎温泉','湯村温泉（兵庫県）',➡
'十津川温泉','南紀白浜温泉','南紀勝浦温泉','湯の峰温泉','龍神温泉',
            '奥津温泉','湯原温泉','三朝温泉','岩井温泉',➡
'関金温泉','玉造温泉','有福温泉','温泉津温泉',
            '湯田温泉','長門湯本温泉','祖谷温泉','道後温泉',➡
'二日市温泉（筑紫野市）','嬉野温泉','武雄温泉',
            '雲仙温泉','小浜温泉','黒川温泉','地獄温泉',➡
'垂玉温泉','杖立温泉','日奈久温泉',
            '鉄輪温泉','明礬温泉','由布院温泉','川底温泉',➡
'長湯温泉','京町温泉',
            '指宿温泉','霧島温泉郷','新川渓谷温泉郷','栗野岳温泉']
```

実際のコード（ch03-04-01.ipynb）では以下のことを行っています。これらについては、すでに2.1節と2.2節で解説済みですので、ここでの説明は省略します。

コードの詳細はch03-04-01.ipynbを参照してください。

- Wikipediaの記事の読み取り（2.1節）
- 形態素解析（2.2節）
- Wikipedia記事を名詞と形容詞のみとし、ブランクで分かち書き（2.2節）

**リスト3.4.2** に、TF-IDF分析を行っているコードを示します。

TF-IDF分析はscikit-learn（サイキットラーン）という機械学習で最もよく利用されるライブラリを利用します。前処理で単語のリストwords_listが、ブランクで分かち書きの状態になっていることがライブラリ利用の前提です。fit_transform関数の呼び出しで、TF-IDF分析後のベクトルが得られます。特徴語の一覧はget_feature_names関数で取得可能です。

リスト3.4.2 TF-IDF分析の実施 (ch03-04-01.ipynb)

In

```
# リスト 3.4.2
# TF-IDF分析の実施

# ライブラリのインポート
from sklearn.feature_extraction.text import →
TfidfVectorizer

# vectorizerの初期化
vectorizer = TfidfVectorizer(min_df=1, max_df=50)

# フィーチャーベクトルの生成
features = vectorizer.fit_transform(words_list)

# 特徴語の抽出
terms = vectorizer.get_feature_names()

# フィーチャーベクトルをTF-IDF行列に変換（numpy の ndarray 形式）
tfidfs = features.toarray()
```

リスト3.4.3 に、温泉毎にTF-IDF分析で特徴的と判断された単語を表示するプログラムを示します。tfidf_array配列のi番目の要素のうち、値の大きなもの10語に該当する特徴語を表示するプログラムとなっています。

リスト3.4.3 温泉毎の特徴語の表示 (ch03-04-01.ipynb)

In

```
# リスト 3.4.3 温泉毎の特徴語の表示

# TF-IDFの結果からi番目のドキュメントの特徴的な上位n語を取り出す関数
def extract_feature_words(terms, tfidfs, i, n):
```

```
    # i番目の項目のtfidfsの値リストを作成
    tfidf_array = tfidfs[i]

    # tfidf_arrayの値が小さい順にソートしたときのインデックスリストを作る
    sorted_idx = tfidf_array.argsort()

    # インデックスリストを逆順に（値が大きい順のインデックスとなる）
    sorted_idx_rev = sorted_idx[::-1]

    # トップnのみを抽出
    top_n_idx = sorted_idx_rev[:n]

    # インデックスに該当する単語リスト作成
    words = [terms[idx] for idx in top_n_idx]

    return words

# 結果の出力
for i in range(10):
    print( ' [' + spa_list[i] + '] ' )
    for x in  extract_feature_words(terms, tfidfs, i, 10):
        print(x, end=' ')
    print()
```

**Out**

```
【菅野温泉】
然別 かん 菅野 食塩 再開 重曹 湯舟 道東 鹿追 営業
【養老牛温泉】
養老牛 開業 ホテル 小山旅館 標津 西村 ウシ 中標津 うし 廃業
【定山渓温泉】
定山渓 かっぱ 札幌 完成 小樽 明治 道路 工事 かっぽ 回春
【登別温泉】
登別 登別温泉 地獄谷 地獄 大湯沼 北海道 大正 滝本 まつり 遊歩道
【洞爺湖温泉】
洞爺湖温泉 洞爺湖 洞爺 虻田 有珠山 壮瞥 北海道 とうや ジオパーク 平成
【ニセコ温泉郷】
ニセコ パス 名人 温泉郷 スタンプ 贈呈 蘭越 倶知安 ニセコアンヌプリ ➡
北海道
```

【朝日温泉（北海道）】
朝日 岩内 土砂 災害 休業 内川 ナイ川 雷電 ユウ 2010
【酸ヶ湯温泉】
八甲田山 青森 植物 午前 混浴 分の cm 風呂 八甲田 玉の湯
【蔦温泉】
十和田 要塞 東北 青森 90 舞台 1174 司令 戦記 拓郎
【花巻南温泉峡】
花巻 花巻温泉 豊沢川 はな 松倉 東北本線 温泉郷 きょう 沿い みなみ

リスト3.4.3 の結果を見ると、それぞれの温泉に特徴的な単語が抽出されていることがわかります。

## 🔷 3.4.2　Elasticsearchにおけるスコアリング

Elasticsearchで検索をかけると、検索にマッチした文章毎にscoreという値が計算され、この値の大きい順に結果が表示されます。つまり、Elasticsearchにおいてscoreはユーザーが欲しい文書を効率よく見つけることができるかどうかという点に関して、重要な役割を担っていることになります。本項ではこのscoreの計算のアルゴリズム概要を紹介します。内容がやや高度になるため、関心のない読者は読み飛ばしてもらってもかまいません。

● 参考URL：How scoring works in Elasticsearch
URL　https://www.compose.com/articles/how-scoring-works-in-elasticsearch/

最初にスコアリングアルゴリズムの式を見てみましょう。以下のような式になります。

$$
\text{score}(q, d) = \text{queryNorm}(q) \cdot \text{coord}(q, d) \cdot \sum_{t\ in\ q} \text{tf}(t) \cdot \text{idf}(t)^2 \cdot \text{t.getBoost}() \cdot \text{norm}(d)
$$

かなり複雑な式ですが、3.4.1項で説明したTFとIDFが式の中に出てきているのがわかると思います。Elasticsearchでは、昔からあるTF-IDFのスコアリング手法を独自に拡張した方法となっているのです。

それでは、その詳細を見ていきましょう。

## ● 文字の意味

数式の中には$d$、$q$、$t$という3種類の文字が出てきています。それぞれの文字の意味は次の通りです。

> $d$：検索対象の文書。例えばインデックスに登録した文書が全部で10000あるとすれば、この10000文書それぞれに対してスコアが計算される形になります。
>
> $q$：検索文。自然言語を想定した問い合わせ文です。例えば「関東地方で有名な硫黄泉は」のような文になります。
>
> $t$：形態素解析の結果抽出された検索文に含まれる単語。問い合わせ文が「関東地方で有名な硫黄泉は」の場合、関東、地方、有名、硫黄、泉のような形になります。

## ● queryNorm($q$)

問い合わせのスコアの値を他の場合と比較できるよう、正規化するために用いられます。計算式としては、以下の形になります。

$$\text{queryNorm}(q) = \frac{1}{\sqrt{\displaystyle\sum_{t\ in\ q} \text{idf}(t)^2}}$$

## ● coord($q, d$)

検索語の一致率による重み付けです。問い合わせ文を形態素解析にかけて、抽出された単語が5個あったとします。

- 文書$d_1$は5個の単語をすべて含んでいた
- 文書$d_2$は5個の単語のうち3個だけを含んでいた

すると、

$$\text{coord}(q, d_1) = 5/5 = 1.0$$
$$\text{coord}(q, d_2) = 3/5 = 0.6$$

と計算されます。スコアリングの計算式自体、含んでいる単語の数が多いことは有利に作用しますが、その有利さをより強調する働きを持っています。

### ● $\mathrm{tf}(t) \cdot \mathrm{idf}(t)^2$

TFとIDFについては、3.4.1項で説明済みなので、説明を省略します。

ただし、IDFについてはその値を二乗していることに注目してください。こうすることで、オリジナルのTF-IDFと比較してIDFの持つ「希少度」がより強調される働きを持つことになります。

### ● t.getBoost()

検索時、フィールド単位で重み付けを行いたい場合に利用します。インデックス作成時と検索時のどちらの段階でも利用できますが、インデックス作成時の利用は悪い副作用の可能性があるのでお勧めしないと、説明資料にあります。

### ● $\mathrm{norm}(d)$

対象文全体の長さに関する指標です。長さが短い(=単語数が少ない)ほど、スコア値が大きくなる計算式となっています。例えばタイトルのような短い文に検索語が含まれていたほうが価値が高いということになります。具体的な計算式は、以下の形になります。

$$\mathrm{norm}(d) = \frac{1}{\sqrt{\mathrm{numFieldTerms}}}$$

Elasticsearchのスコアリングは、3.4.1項で紹介したTF-IDFと比較すると、文書の表示順の精度を上げるためかなり複雑なアルゴリズムになっていることがわかると思います。それでも、Googleの考案した相互リンクによるスコアリングと比較すると、なかなか最適な表示はできません。

この課題を解決するために考案された方式が、ユーザーの評価を表示順のスコア計算に取り入れる方式で、ランキング学習と呼ばれています。その具体的な内容は第4章で別途ご紹介します。

従来型テキスト分析・検索技術

## 辞書の目的

今までの実習を通じて、日本語処理において「辞書」と呼ばれるものが重要な役割を果たしていることがわかったかと思います。しかし、一言で「辞書」といっても実は、いくつかの役割が存在します。筆者の経験でも、どのソフトのどの機能を目的とした「辞書」なのかを定義せずに議論をしたため、話が混乱したことが何度かあります。

本コラムは、こうした辞書の目的の違いを整理し、混乱が起きないようにすることが目的です。

### ● 日本語辞書における3つの役割

日本語辞書には、大きく次の3つの役割があります。この3つは、1つの辞書で複数の役割を同時に果たす場合もありますし、1つの機能のみ提供している場合もあります。

（1）単語の分かち書きの基準を示す
（2）同義語を示す
（3）分類先グループを示す

### （1）単語の分かち書きの基準を示す

一般的に「形態素解析辞書」と呼ばれているものは、この目的で利用されている辞書です。

3.3節のElasticsearch日本語検索の例でいうと、`kuromoji_tokenizer`の中で`user_dictionary`として定義した`my_jisho.dic`がこれに該当します。あるいは2.2節で紹介した形態素解析エンジン`jamome`の中で定義した`userdict.csv`も同じ目的でした。

例題として取り上げている「はくたか」のように、平仮名だけからできている固有名詞が、特に分かち書きの誤りが起きやすいものです。このような誤りが起きた場合に使われるのが（1）のタイプの辞書ということになります。

### （2）同義語を示す

テキスト検索を行う場合、文字の綴りは違うが、指し示す意味が同じなので、どちらの単語であっても検索対象に含めたいという話があります。このような単語は同義語と呼ばれています。本書で取りあげた例題でいうと「すし」で検索したときに「鮨」や「寿司」も検索対象に含めたいなどの話です。

このような要件に対しては、同義語辞書という種類の辞書を定義して、これにより上記要件を実現する方法が一般的です。3.3節のElasticsearch日本語検索の場合は、`synonyms_filter`の中で`synonyms`の項目として同義語の定義を行っていました。

　辞書を使うことで、その単語がどのようなグループに属するのか、分類先のグループを新しい属性として取得できる場合があります。例えば、実習の中では利用しませんでしたが、2.2節で紹介したJanomeの形態素解析辞書を使った場合などがこれに該当します。

　IBM社のテキスト分析ツールであるWatson Explorerでは、この考えをもっと発展させて、例えば「薬品 / 塗り薬 / かゆみ止め」など、複数階層の分類まで行えるようになっています。このような詳細なグループ分類で、精緻なテキスト分析が可能になります。

### ● IBM Watson APIでの辞書利用

　第4章で説明するIBM社のWatson APIでも、辞書は利用されています。それぞれの辞書を上記の観点で用途別に分類すると、以下のようになります。なお、以下の説明ではまだ解説していない技術用語がいくつか出てきますので、より確実に理解したい場合は、第4章を読み終えた後で読み直すようにしてください。

### 4.3　Knowledge Studioでの辞書

　4.3節で説明するKnowledge Studioでは辞書の役割はプレアノテーション時に自動的にアノテーションを行うことです。これは分類をしているのと同じなので、（3）の役割を持っていることになります。また、辞書定義の中で同義語も定義可能です。つまり（2）の役割も同時に持っていることになります。

### 4.5　Discoveryでの同義語辞書

　4.5節ではDiscoveryのUIツールによる同義語の定義機能の説明をします。この機能は読んで字のごとく（2）の機能に該当します。

### 4.6　Discoveryでの形態素辞書

　4.6節ではAPIを使ってDiscoveyを操作する例の1つとして形態素辞書の例を説明します。この機能は（1）の機能に該当します。

### Watson Explorerでの辞書

　本書では取り上げませんが、IBM社のWatson Explorerというテキスト分析ツールの辞書では、（1）、（2）、（3）の役割を同時に持たせることが可能です。非常に便利なのですが、Watson Explorerのユーザーが他のプラットフォームに移行する際には、辞書の使い勝手が不自由になるので、この点について注意が必要です。

# 3.5 類似検索

検索に関連した技術で、意外と用途が広いのが類似検索です。これは、何万件、何十万件といった膨大な文書から、調査対象の文書と似たものを見つけ出す機能になります。
本節ではElasticsearchが持っている類似検索機能を実習を通じて確認していきます。

類似検索はElasticsearchに登録済みの特定の文書に対して、最も似ている文書を検索する機能です。例えば、新規に発生した自動車の故障の原因を調べたい場合、すでに解決済みの似た事象を見つけることができれば、新しい問題の解決の手がかりとする可能性が出てくることになります。

本節の実習では、まず2.1節の結果を利用してWikipediaから日本百名湯記事を取得します（ リスト3.5.1 ）。基本的には2.1節で解説した通りなのですが、Pythonのリスト変数に読み込む際に、`app_id`、`title`、`text`の3つの項目を持たせている点に注意してください。これが、Elasticsearchに登録される文書の項目となります。

リスト3.5.1 日本百名湯のうち、Wikipediaに記事のある温泉のリスト
（ch03-05-01.ipynb）

**In**

```python
# リスト 3.5.1 日本百名湯のうち、Wikipediaに記事のある温泉のリスト

title_list = ['菅野温泉','養老牛温泉','定山渓温泉','登別温泉',
'洞爺湖温泉','ニセコ温泉郷','朝日温泉（北海道)',
        '酸ヶ湯温泉','蔦温泉','花巻南温泉峡','夏油温泉',
'須川高原温泉','鳴子温泉郷','遠刈田温泉','峩々温泉',
        '乳頭温泉郷','後生掛温泉','玉川温泉（秋田県)',
'秋ノ宮温泉郷','銀山温泉','瀬見温泉','赤倉温泉（山形県)',
        '東山温泉','飯坂温泉','二岐温泉','那須温泉郷',
'塩原温泉郷','鬼怒川温泉','奥鬼怒温泉郷',
        '草津温泉','伊香保温泉','四万温泉','法師温泉',
'箱根温泉','湯河原温泉',
        '越後湯沢温泉','松之山温泉','大牧温泉','山中温泉',
'山代温泉','粟津温泉',
```

```
                   '奈良田温泉','西山温泉（山梨県）','野沢温泉', ➡
'湯田中温泉','別所温泉','中房温泉','白骨温泉','小谷温泉',
                   '下呂温泉','福地温泉','熱海温泉','伊東温泉', ➡
'修善寺温泉','湯谷温泉（愛知県）','榊原温泉','木津温泉',
                   '有馬温泉','城崎温泉','湯村温泉（兵庫県）', ➡
'十津川温泉','南紀白浜温泉','南紀勝浦温泉','湯の峰温泉','龍神温泉',
                   '奥津温泉','湯原温泉','三朝温泉','岩井温泉', ➡
'関金温泉','玉造温泉','有福温泉','温泉津温泉',
                   '湯田温泉','長門湯本温泉','祖谷温泉','道後温泉', ➡
'二日市温泉（筑紫野市）','嬉野温泉','武雄温泉',
                   '雲仙温泉','小浜温泉','黒川温泉','地獄温泉', ➡
'垂玉温泉','杖立温泉','日奈久温泉',
                   '鉄輪温泉','明礬温泉','由布院温泉','川底温泉', ➡
'長湯温泉','京町温泉',
                   '指宿温泉','霧島温泉郷','新川渓谷温泉郷','栗野岳温泉']
```

```python
# Wikipediaの記事の読み取り
# 2.1節参照
import wikipedia
wikipedia.set_lang("ja")

data_list = []
for index, title in enumerate(title_list):
    print(index+1, title)
    text = wikipedia.page(title,auto_suggest=False). ➡
content
    item = {
        'app_id': index + 1,
        'title': title,
        'text': text
    }
    data_list.append(item)
```

**Out**

```
1 菅野温泉
2 養老牛温泉
3 定山渓温泉
4 登別温泉
5 洞爺湖温泉
6 ニセコ温泉郷
```

7　朝日温泉（北海道）
8　酸ヶ湯温泉
9　蔦温泉
10　花巻南温泉峡

（…略…）

40　山代温泉
41　粟津温泉
42　奈良田温泉
43　西山温泉（山梨県）
44　野沢温泉
45　湯田中温泉
46　別所温泉
47　中房温泉
48　白骨温泉
49　小谷温泉
50　下呂温泉
51　福地温泉
52　熱海温泉
53　伊東温泉
54　修善寺温泉
55　湯谷温泉（愛知県）
56　榊原温泉
57　木津温泉
58　有馬温泉
59　城崎温泉
60　湯村温泉（兵庫県）

（…略…）

　実際のコード（ch03-05-01.ipynb）では以下のことを行っています。これらについては、すでに3.3節で解説済みですので、ここでの説明は省略します。コードの詳細は `ch03-05-01.ipynb` を参照してください。

- Elasticsearchのインスタンス作成（3.3節）
- インデックス・アナライザ設定（3.3節）
- マッピング設定（3.3節）
- 文書の登録（3.3節）

### 文書登録時の注意点

3.3節と比較して文書登録の時の引数で id = body['app_id'] という部分が
違っています。これは、次の類似検索実行時に検索対象の文書は、_idの値で指定
するので、これを app_id と同じ値にするための工夫です。

　次の リスト3.5.2 が本項で説明したかった類似検索に関するコーディングの部分
となります。

　今までの検索では query のコマンドとして match を使っていましたが、この
サンプルではその部分が more_like_this となっています。これが、Elastic
search における類似検索コマンドとなります。

　more_like_this 検索コマンドは引数として fields と like の2つを取
ります。fields は、類似検索対象となるフィールド名を指定します。like に
は、類似検索における、比較対象の文書を指定します。具体的には _index(デー
タベース名に該当)、_type(テーブル名に該当)、_id(行のプライマリキーに該
当)で対象行がユニークに定まることになります。今回は _id = 3 の定山渓温
泉を類似検索の検索対象文書としました。

　検索結果は、スコアとタイトルを表示するようにしました。

### リスト3.5.2 の実行の前提

リスト3.5.2 を実行するためには、

● 3.2節で説明した Elasticsearch サーバーが起動している
● ch03-05-01.ipynb の リスト3.5.2 までのセルが全部実行されている

の2点が前提となります。

リスト3.5.2 類似検索の実行 (ch03-05-01.ipynb)

In

```
# リスト 3.5.2
# 類似検索の実行
```

```
# 検索条件の設定
query = {
    "query": {
        "more_like_this": {
            "fields": ["text"],
            "like": [{
                "_index": "jp_index",
                "_type": "_doc",
                "_id": "3" # _id = app_id = 3: 定山渓温泉
            }]
        }
    }
}

# 検索実行
res = es.search(index = jp_index, body = query)

# 結果表示
w1 = res['hits']['hits']

for item in w1:
    score = item['_score']
    source = item['_source']
    app_id = source['app_id']
    title = source['title']
    print(app_id, title, score)
```

**Out**

```
4 登別温泉 28.698452
5 洞爺湖温泉 19.525723
39 山中温泉 17.203596
1 菅野温泉 15.862113
14 遠刈田温泉 14.817324
81 雲仙温泉 14.489814
58 有馬温泉 14.390339
24 飯坂温泉 13.394321
30 草津温泉 13.010183
60 湯村温泉（兵庫県）12.870676
```

定山渓温泉と地理的に近い、「登別温泉」「洞爺湖温泉」などが、類似度が高いという結論になりました。あまり温泉のことを知らない人間から見ると妥当な結果と思われますが、温泉ファンからするとこの結果はいかがでしょうか？

## 📄 MEMO

### 類似検索はどのように行われているか

本節で紹介した類似検索は、どのようなアルゴリズムで行われているのでしょうか？

下記リンク先のElasticsearchのオンラインドキュメントに、処理の概要が書かれていますので、その内容をご紹介します。

- **Elasticsearch Reference [7.4]** [*2] **: More like this query**
  URL https://www.elastic.co/guide/en/elasticsearch/reference/current/query-dsl-mlt-query.html

How it worksと書かれた記事によると、以下のような処理を行っているとのことです。

- 類似対象テキストを形態素解析する
- 解析後の個々の単語に関してTF-IDF値を計算し、この値の上位 $k$ 個を選出
- この $k$ 個の単語をキーとして、インデックス全体の文書に対してスコア計算をする
- スコアの上位のものを検索結果として示す

要は、3.4節で説明したTF-IDFやElasticsearchのスコアが類似検索に際しても重要な役割を果たしているということになります。

---

※2　バージョンは今後変わる場合があります。

# CHAPTER 4

## 商用APIによる
## テキスト分析・
## 検索技術

第3章では、従来から存在したテキスト分析・検索技術を、MeCabや
Elasticsearchなど代表的なOSSを題材に説明してきました。これに対し、
近年ではAI技術（機械学習モデル）を取り入れた新しいテキスト分析・
検索技術ができつつあります。

本章では、こうした技術の代表的なものとしてIBM社のWatson API
サービスとして提供されている技術を紹介します。

# 4.1 IBM Cloudにおけるテキスト分析系APIの全体像

IBM Cloudにおけるテキスト分析用に用意されているAPIについて解説します。

## 4.1.1 Watson APIサービスの一覧

IBM CloudにおけるWatson APIサービスのうちテキスト分析と関係あるものの一覧を 図4.1.1 に示しました。

この一覧は、APIをいくつかのカテゴリに分類していますが、本章で紹介するのは、このうち、知識探索系と呼ばれるグループに属するサービスになります。

1.2節の 図1.2.1 で示した全体図のうち、本章で説明するIBM社のAPIに関係する部分のみを抽出したものを 図4.1.2 に示しました。この図を参照しながら、本章で取り上げるAPIの概要を説明します。

**図4.1.2** IBM社のテキスト分析系APIの関係

## 照会応答系

**Watson Assistant**
自然言語インターフェースでエンドユーザー
とのやり取りを自動化

## データ分析系

**Watson Studio**
機械学習モデルの作成と学習、
データの準備と分析のための統合環境

**Machine Learning**
機械学習モデル・深層学習モデルの作成、
学習、実行環境

**Knowledge Catalog**
分析に必要なデータを加工・カタログ化
できる分析データ準備環境

**Watson OpenScale**
AIの判定結果を説明し、バイアスを自動
的に排除

## 知識探索系

**Discovery**
洞察エンジンでデータの隠れた価値を解
明し、回答やトレンドを発見

**Natural Language Understanding**
キーワード抽出、エンティティ抽出、概念
分析などを行う

**Discovery News**
Discovery上の、ニュースに関する公開
データセット

**Knowledge Studio**
業務知識から生成したモデルで、非構造
テキストデータから洞察を取得

**Compare and Comply**
（日本語未対応）
契約書や調達仕様書を分析し、文書間の
比較や重要要素の抽出を行う

## 言語系

**Language Translator**
自然言語テキストについて他言語へ翻訳
を行う

**Natural Language Classifier**
テキスト文の分類を行う

## 心理系

**Personality Insights**
テキストから筆者の性格を推定する

**Tone Analyzer**（日本語未対応）
テキストから筆者の感情、社交性、文体を
分析する

**図4.1.1** IBM社のWatson APIサービス一覧

### 4.1.2 Natural Language Understanding（NLU）

　自然言語のテキスト文を入力とする、事前学習済みの機械学習モデルです。第3章で紹介した従来型の技術と対比すると、形態素解析や係り受けに近い機能ですが、分析結果はより深い形になります。また評判分析など、カバーしている機能の範囲もより広いです。詳細は4.2節で説明します。

 ### 4.1.3 Knowledge Studio

　ユーザーがNLUで対応しきれない、より業務に特化した用語の抽出をできるようにするための機械学習環境です。
NLUで提供している機能と対応付けるとエンティティ抽出と関係抽出の機能を持っています。
　詳細は4.3節で説明します。

### 4.1.4 Discovery

　OSSの世界で代表的な検索エンジンとして第3章ではElasticsearchを紹介しましたが、Watson APIの世界で検索エンジンの機能を提供しているのが、Discoveryになります。Discoveryでは、その内部でNLUやKnowledge Studioと連携することが可能で、この機能により得られた付加的な情報も併せてインデックス情報として保存し、検索時に活用することができます。

　また、一般にランキング学習[1]と呼ばれる、ユーザーからのフィードバックデータを元に検索表示順を学習する機能も併せて持っています。Discoveryについては、持っている機能が多いため、4.4節から4.8節で順番に紹介を行います。

　図4.1.1 に記載されているサービスのうち、Discovery Newsに関しては、Discoveryをプラットフォームとして、IBM社が自らニュース記事をクロールして提供しているより上位のサービスとなります。機能としては、Discoveryと同じものになりますので、Discoveryの1機能として紹介する形を取ります。

---

※1　IBM社のドキュメントの中では関連度学習という表現を使っていますが、本書ではより一般的に使われているランキング学習という用語を利用します。

# 🔷 4.1.5 その他のAPI

本書では取り上げませんが、図4.1.1 に出ているAPIのうちテキスト分析と関連のあるその他のAPIを簡単に紹介します。

## ◉ Watson Assistant

チャットボットのエージェントになることを想定して作られたAPIです。エンドユーザーからの質問・応答を想定した自然言語文を入力として、文脈に対応した（過去の応対履歴に基づいた）自然言語の回答を返します。

## ◉ Natural Language Classifier（NLC）

自然言語を入力とした分類器です。ユーザーは分類するためには、学習から行う必要がありますが、APIの内部でWord Embedding[※2]の機能を利用しているため、少ない学習量で高い分類精度を出すことが可能です。

## ◉ Personarity Insight（PI）

ツイッターのつぶやきなど、ユーザーの書いたテキスト文を入力として、ビッグファイブと呼ばれる、人の性格を表現できることが心理学の世界で実証されている指標値を予測する機械学習モデルです。

---

[※2] Wikipediaなどの膨大なテキストデータを学習データとして、それぞれの単語を100次元程度の数値ベクトルに変換し、単語間の近さも表現する技術を総称してWord Embeddingと呼びます。代表的な実装としてWord2Vecがあります。
本書では第5章で解説していますので詳しくはそちらを参照してください。

# 4.2 NLU（Natural Language Understanding）

本章で最初に紹介するAPIはNLU（Natural Language Understanding）です。その特徴は、事前学習なしに、日本語を含むテキスト文を入力として、いろいろな種類の機械学習モデルの分析結果を得ることができる点です。エンドユーザーからの質問・応答を想定したIBM Cloudのライト・アカウントで利用できますので、読者もアカウントを取得し、実習を通じて動作を理解するようにしてください。

## 4.2.1 NLU（Natural Language Understanding）とは

NLU（Natural Language Understanding）は、日本語を含むテキスト文を入力として、いろいろな種類の機械学習モデルの分析結果を取得できるAPIです。具体的に日本語に対応している機能として以下のものが存在します。

- エンティティ抽出機能（Entity Extraction）
- 関係抽出機能（Relation Extraction）
- 評判分析機能（Sentiment Analysis）
- キーワード抽出機能（Keyword Extraction）
- 概念分析機能（Concept Tagging）
- カテゴリ分類機能（Category Classification）
- 意味役割抽出機能（Semantic Role Extraction）

また、まだ日本語対応できていない機能としては、以下のものがあります。

- 感情分析機能（Emotion Analysis）
- 要素分類機能（Element Classification）

それぞれの機能の内容はかなり幅が広いので、4.2.4項以下で具体的に説明します。

4.3節、4.4節で紹介するKnowledge StudioとDiscoveryとは異なり、NLUは基本的にUI機能を持たずAPIのみの実装となっています。そこで、本書では第3章までの例にならって、実習はPython APIによる方法をとることとします。

もっと手軽に機能を確認したい場合は、以下のリンク先のデモアプリケーションを利用すると、アカウント登録なしに試すことも可能（ただしRelationは使えない）なので、こちらも併せて活用してください。

デモアプリでは画面の説明は英文ですが、日本語文を分析対象にすると自動的に日本語対応のAPIが呼び出されます。

- **デモアプリリンク**
  URL https://natural-language-understanding-demo.ng.bluemix.net

- **デモアプリリンク（短縮URL）**
  URL http://bit.ly/2kM06j5

- **製品リンク**
  URL https://cloud.ibm.com/docs/services/natural-language-understanding?topic=natural-language-understanding-about&locale=ja

- **製品リンク（短縮URL）**
  URL https://ibm.co/2kx1ne1

## 4.2.2　インスタンスの生成

NLUをAPIによって利用するためには、

- IBMアカウントの作成
- NLUインスタンスの生成
- NLU資格情報（認証情報）の取得

の3つを行う必要があります。すべて無料で可能です。

これらの手順に関しては、巻末付録3を参照してください。そこに示した手順で取得したNLU資格情報は、4.2.3項で利用することになります。

## 4.2.3　Python利用時の共通処理

PythonでNLUを呼び出すには、まず、Watson API呼び出し用のライブラリを導入します。

**［ターミナル］**

```
$ pip install ibm_watson
```

次にNLU呼び出し用のPythonオブジェクトを生成します。具体的なコードは リスト4.2.1 になります。 リスト4.2.1 のコードの最初のセルのapikeyとurlには、上の手順で入手したインスタンス固有の資格情報のものに書き換えてください。

### 資格情報の設定が正しくない場合

資格情報の設定が正しくない場合も リスト4.2.1 の段階では正常終了し、 リスト4.2.3 の API 呼出し時にはじめてエラーとなります。多少わかりにくいので、注意してください。

**リスト4.2.1** NLU 呼び出し用インスタンス生成（ch04-02-01.ipynb）

In

```python
# リスト 4.2.1 NLU呼び出し用インスタンス生成

# NLUの資格情報
nlu_credentials = {
    "apikey": "██████████████████████████████→
████████",
    "url": "████████████████████████████████→
████████████████████"
}

# 必要なライブラリのimport
import json
from ibm_watson import NaturalLanguageUnderstandingV1
from ibm_watson.natural_language_understanding_v1 import *
from ibm_cloud_sdk_core.authenticators import ➡
IAMAuthenticator

# API呼び出し用インスタンスの生成
authenticator = IAMAuthenticator(nlu_credentials➡
['apikey'])
nlu = NaturalLanguageUnderstandingV1(
    version='2019-07-12',
    authenticator=authenticator
)
nlu.set_service_url(nlu_credentials['url'])
```

　実際の API 利用時には、ここで生成したインスタンス nlu の analyse 関数を呼び出す形になります。analyse 関数呼び出し時のパラメータを簡潔にするため、共通関数 call_nlu を用意しました（ リスト4.2.2 ）。次項以降のサンプル

商用APIによるテキスト分析・検索技術

コードでは、この`call_nlu`関数を利用する形になります。

リスト4.2.2 NLU呼び出し用共通関数 (ch04-02-01.ipynb)

In

```
# リスト 4.2.2 NLU呼び出し用共通関数

# text: 対象テキスト
# feature: 機能を意味するObject
# key: 分析結果jsonをfilterするためのキー
def call_nlu(text, features, key):
    response = nlu.analyze(text=text, features=➡
features).get_result()
    return response[key]
```

これでAPI呼び出しの準備は整いました。次項以降では、それぞれのAPI機能の解説を行いつつ、実習で実際の動きを確認していきましょう。

なお、以下のサンプルでは説明をわかりやすくするため、APIを個別の機能毎に呼び出していますが、実際のAPI利用時には複数の機能を同時に呼び出せますので注意してください。

## 4.2.4　エンティティ抽出機能

最初に紹介する機能はエンティティ抽出機能 (Entity Extraction) です。エンティティ抽出に適切な日本語訳がなく、説明が難しいのですが、「人名」「役職名」「地名」「施設名」など特定の属性を持った単語や単語群を、属性名付きで抽出する機能となります。

まずは、 リスト4.2.3 のサンプルコードとその結果を見ると、どのような機能なのか、イメージが持てると思います。

リスト4.2.3 エンティティ抽出機能の呼び出し (ch04-02-01.ipynb)

In

```
# リスト 4.2.3 エンティティ抽出機能の呼び出し

# 対象テキスト
text = "安倍首相はトランプ氏と昨日、大阪の国際会議場で会談した。"

# 機能として「エンティティ抽出機能」を利用
```

```
features=Features(entities=EntitiesOptions())

# 共通関数呼び出し
ret = call_nlu(text, features, "entities")

# 結果の表示
print(json.dumps(ret, indent=2, ensure_ascii=False))
```

Out

```
[
  {
    "type": "Person",
    "text": "トランプ氏",
    "relevance": 0.953262,
    "count": 1
  },
  {
    "type": "Date",
    "text": "昨日",
    "relevance": 0.784743,
    "count": 1
  },
  {
    "type": "Person",
    "text": "安倍",
    "relevance": 0.703143,
    "count": 1
  },
  {
    "type": "JobTitle",
    "text": "首相",
    "relevance": 0.570908,
    "count": 1
  },
  {
    "type": "Facility",
    "text": "国際会議場",
    "relevance": 0.447856,
    "count": 1
```

```
  },
  {
    "type": "Location",
    "text": "大阪",
    "relevance": 0.287359,
    "count": 1
  }
]
```

　リスト4.2.3 の結果を見ればわかる通り、「トランプ氏」「首相」「国際会議場」と
いった単語がそれぞれ「Person」「JobTitle」「Facility」などの属性とセッ
トで抽出されています。

　処理としては、第2章で紹介した形態素解析に近いのですが、形態素解析が名
詞、動詞などの品詞レベルの分類しかできなかったのに対して、意味理解に近い
より細かい分析が行われていることになります。これが「エンティティ抽出」の
処理ということになります。

　日本語版APIでどのようなエンティティが抽出可能かは、以下のリンク先に記
載があります。

● **IBM Cloud資料：Natural Language Understanding**
　URL https://cloud.ibm.com/docs/services/natural-language-understanding?topic=
　natural-language-understanding-entity-types-version-2&locale=ja

● **IBM Cloud資料：Natural Language Understanding（短縮リンク）**
　URL https://ibm.co/2kh7t1Q

　表4.2.1 に、本書執筆時点（2019年11月16日）での一覧を記載します。

表4.2.1 日本語対応しているエンティティー覧

| エンティティ名 | 意味 | 例 |
|---|---|---|
| Date | 日付 | 明日、12月23日　等 |
| Duration | 期間 | 1週間、2年　等 |
| EmailAddress | eメールアドレス | |
| Facility | 施設名 | 京都国際会館、国立競技場　等 |
| GeographicFeature | 地理名 | 日本列島、太平洋　等 |
| Hashtag | ハッシュタグ | #ファッション、#ランチ 等 |
| IPAddress | IPアドレス | 127.0.0.1 等（IPv6を除く） |

（続く）

| エンティティ名 | 意味 | 例 |
|---|---|---|
| JobTitle | 役職名 | 首相、弁護士　等 |
| Location | 地名 | 東京、ニューヨーク　等 |
| Measure | 単位付きの量 | 360度、10kg　等 |
| Money | 金額 | 500円、100万円　等 |
| Ordinal | 順序 | 今回、2位　等 |
| Organization | 組織名 | 政府、NHK　等 |
| Person | 人名 | 安倍晋三、習近平　等 |
| Time | 時間 | 早朝、夜中　等 |
| TwitterHandle | ツイッターハンドル名 | @AbeShinzo、@realDonaldTrump　等 |

## 4.2.5　関係抽出機能

　エンティティ抽出機能の次に紹介するのが、関係抽出機能（Relation Extraction）です。関係抽出とは、前項で説明したエンティティ間の関係性を抽出する機能となります。ここでもまず、サンプルコードでどのような動きをするものなのか、確認してみましょう（リスト4.2.4）。

リスト4.2.4 関係抽出機能の呼び出し（ch04-02-01.ipynb）

In

```
# リスト 4.2.4 関係抽出機能の呼び出し

# 対象テキスト
text = "このイベントは東京の国立競技場で開催されました。"

# 機能として「関係抽出機能」を利用
features=Features(relations=RelationsOptions())

# 共通関数呼び出し
ret = call_nlu(text, features, "relations")

# 結果の表示
print(json.dumps(ret, indent=2, ensure_ascii=False))
```

**Out**

```
[
  {
    "type": "locatedAt",
    "sentence": "このイベントは東京の国立競技場で開催されました。",
    "score": 0.910188,
    "arguments": [
      {
        "text": "国立競技場",
        "location": [
          10,
          15
        ],
        "entities": [
          {
            "type": "Facility",
            "text": "国立競技場"
          }
        ]
      },
      {
        "text": "東京",
        "location": [
          7,
          9
        ],
        "entities": [
          {
            "type": "Location",
            "text": "東京"
          }
        ]
      }
    ]
  }
]
```

リスト4.2.4 の分析結果を見てください。分析対象テキスト「このイベントは東京の国立競技場で開催されました。」に対して東京（Location）と国立競技場

（Facility）の2つのエンティティが抽出されています。そしてこの2つのエンティティの間には、

> 「国立競技場」は「東京」にある

という関係性が成立しています。このエンティティ間の関係性がlocatedAtという関係で表現されていることになります。 図4.2.1 にその様子を示しました。

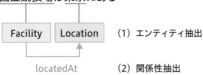

**国立競技場は東京にある**

| Facility | Location | （1）エンティティ抽出 |

locatedAt　　　　（2）関係性抽出

図4.2.1 エンティティ抽出と関係性抽出

　単語間の関係という点では、3.1節で紹介した係り受けと似ているのですが、より意味理解に近い深いところまで抽出できているのが関係抽出機能であることがわかります。

　日本語APIでどのような関係が認識できるかについては、下記リンク先に一覧があります。

- **IBM Cloud資料：Natural Language Understanding**
  URL　https://cloud.ibm.com/docs/services/natural-language-understanding?topic=
  natural-language-understanding-relation-types-version-2&locale=ja

- **IBM Cloud資料：Natural Language Understanding（短縮リンク）**
  URL　https://ibm.co/2lTXzDE

表4.2.2 ではその代表的なものに関して紹介します。

表4.2.2 日本語対応している代表的な関係

| 関係名 | 意味 |
| --- | --- |
| basedIn | 組織（Organization）Aは場所（Location）Bを本拠地とする |
| locatedAt | 施設（Facility）Aは場所（Location）Bに存在する |
| employedBy | 人（Person）Aは組織（Organization）Bに雇用されている |
| managerOf | 人（Person）Aは人（Person）Bの所属長である |
| partOf | エンティティAはエンティティBの一部である（例えば部と課の関係） |

**4.2.6　評判分析機能**

　次に紹介するのは、評判分析（Sentiment Analysis）と呼ばれる機能です。これは、テキストを書いた人が対象を「好意的」（positive）に評価しているのか、それとも「否定的」（negative）に評価しているのか、あるいは「中立的」（neutral）なのかを判断する機能となります。

　商品へのレビューコメントやTwitterのつぶやきを利用して特定の商品の評判がいいか悪いかを判断するのが、一番よく利用されるユースケースです。ここでも例によってサンプルコードで動きを確認してみましょう（ リスト4.2.5 ）。

　分析対象として、好意的なレビューコメントと否定的なレビューコメントを用意しました。

リスト4.2.5 評判分析機能の呼び出し（ch04-02-01.ipynb）

In

```
# リスト 4.2.5 評判分析機能の呼び出し

# テキスト1（いい評判の例）
text1 = 'さすがはソニーです。写真の写りもいいですし、音がまた良いです。'

# テキスト2（悪い評判の例）
text2 = '利用したかったアプリケーションは、残念ながらバージョン、性能が➡
合わず、利用できませんでした。'


# テキスト1を評判分析
features=Features(sentiment=SentimentOptions())
ret = call_nlu(text1, features, "sentiment")
print(json.dumps(ret, indent=2, ensure_ascii=False))

# テキスト2を評判分析
features=Features(sentiment=SentimentOptions())
ret = call_nlu(text2, features, "sentiment")
print(json.dumps(ret, indent=2, ensure_ascii=False))
```

```
{
  "document": {
    "score": 0.986393,
    "label": "positive"
  }
}
{
  "document": {
    "score": -0.953553,
    "label": "negative"
  }
}
```

　結果は想定通りとなっていて、この機能をうまく使うことで、特定の商品の評判分析ができそうなことがわかります。

## 4.2.7　キーワード抽出機能

　次にキーワード抽出機能（Keyword Extraction）を紹介します。これは、単語の希少性や、文章の中で重要な単語、概念はその表現が繰り返し出てくることなどを利用して、分析対象文から重要キーワードを抽出する機能となります。

　後ほど紹介する概念分析機能と若干似ているのですが、概念分析機能は抽出される候補の単語が事前に決まっているのに対して、キーワード抽出機能はそのような制約がないため、例えば論文から重要語を抽出するようなタスクでより有効なことがわかっています。

　いつもの通りサンプルコードで動きを確認することにします（ リスト4.2.6 ）。

リスト4.2.6 キーワード抽出機能の呼び出し（ch04-02-01.ipynb）

In

```
# リスト 4.2.6 キーワード抽出機能の呼び出し

# 対象テキスト
text = "ながぬま温泉は北海道でも屈指の湯量を誇り、\
加水・加温はせずに100%源泉掛け流しで、\
保温効果が高く湯冷めしにくい塩化物泉であり、\
「熱の湯」とも呼ばれ、保養や療養を目的として多くの方が訪れている。"
```

```
# 機能として「キーワード抽出機能」を利用
features=Features(keywords=KeywordsOptions(limit=5))

# 共通関数呼び出し
ret = call_nlu(text, features, "keywords")

# 結果の表示
print(json.dumps(ret, indent=2, ensure_ascii=False))
```

**Out**

```
[
  {
    "text": "ながぬま温泉",
    "relevance": 0.934397,
    "count": 1
  },
  {
    "text": "加水・加温",
    "relevance": 0.794005,
    "count": 1
  },
  {
    "text": "源泉 掛け流し",
    "relevance": 0.755903,
    "count": 1
  },
  {
    "text": "屈指の湯量",
    "relevance": 0.742007,
    "count": 1
  },
  {
    "text": "保温効果",
    "relevance": 0.661372,
    "count": 1
  }
]
```

分析対象のテキスト内の重要語が単語でなく、意味を持った「句」の単位で抽出されている様子がわかると思います。

## ● 4.2.8　その他の機能

　以上で紹介したNLUの機能以外にも、日本語対応している機能として概念分析機能、カテゴリ分類機能、意味役割抽出機能があります。これらの機能について、本項でまとめて紹介します。

### ● 概念分析機能（Concept Tagging）

　「概念」というと哲学の世界のようで、何か難しい印象がありますが、NLUでいうところの「概念分析」とは、簡単にいうとWikipediaの見出し語とのマッチング処理です。ただし、単なる単語レベルのマッチングを行うのでなく、分析対象テキストと、Wikipediaの説明文とのマッチングを行います。そのため、分析対象文に1つも見出し語がない場合であっても分析結果が高いスコアになる可能性があります。

　それではいつものようにサンプルコードで動きを確認してみましょう（ リスト4.2.7 ）。

リスト4.2.7 概念分析機能の呼び出し（ch04-02-01.ipynb）

In

```
# リスト 4.2.7 概念分析機能の呼び出し

# 対象テキスト
text = "ながぬま温泉は北海道でも屈指の湯量を誇り、\
加水・加温はせずに100％源泉掛け流しで、\
保温効果が高く湯冷めしにくい塩化物泉であり、\
「熱の湯」とも呼ばれ、保養や療養を目的として多くの方が訪れている。"

# 機能として「概念分析機能」を利用
features=Features(concepts=ConceptsOptions(limit=3))

# 共通関数呼び出し
ret = call_nlu(text, features, "concepts")

# 結果の表示
print(json.dumps(ret, indent=2, ensure_ascii=False))
```

**Out**

```
[
  {
    "text": "湧出量",
    "relevance": 0.824821,
    "dbpedia_resource": "http://ja.dbpedia.org/➡
resource/湧出量"
  },
  {
    "text": "掛け流し",
    "relevance": 0.667889,
    "dbpedia_resource": "http://ja.dbpedia.org/➡
resource/掛け流し"
  },
  {
    "text": "湯の花",
    "relevance": 0.667889,
    "dbpedia_resource": "http://ja.dbpedia.org/➡
resource/湯の花"
  }
]
```

　分析結果には、「湧出量」のように分析対象文に単語としては含まれていないの
に、関係の深い概念が含まれていることがわかります。

　 リスト4.2.7 の結果からわかるように、分析結果は、text（Wikipedia見出し
語）、relevance（関連性）、dbpedia_resourceの3つが出力されます。最後の
dbpedia_resourceとは、分析結果を記載したDBpedia上のリンクとなります。

## ● カテゴリ分類機能

　カテゴリ分類（Category Classification）とは、事前にAPI側で定義してあ
るカテゴリ体系と比較して、分析対象文がどのカテゴリにマッチしているかを、
確信度（score）付きで返す機能です。カテゴリ階層に関しては、下記のリンク
先に記載があります。基本的に新聞などの報道メディアに即した観点での体系付
けと考えられます。

　● **IBM Cloud資料：Natural Language Understanding**
　　URL　https://cloud.ibm.com/docs/services/natural-language-understanding?topic=
　　　　natural-language-understanding-categories-hierarchy&locale=ja

　　短縮URL　https://ibm.co/2LanZuZ

いつものようにサンプルコードで実際の振る舞いを確認しましょう（**リスト4.2.8**）。

**リスト4.2.8** カテゴリ分類機能の呼び出し（ch04-02-01.ipynb）

**In**

```
# リスト 4.2.8 カテゴリ分類機能の呼び出し

# 対象テキスト
text = "自然環境の保護を図るとともに、地域に調和した温泉利用施設を維持➡
整備し、\
豊かさとふれあいのある保養の場とする。"

# 機能として「カテゴリ分類機能」を利用
features=Features(categories=CategoriesOptions())

# 共通関数呼び出し
ret = call_nlu(text, features, "categories")

# 結果の表示
print(json.dumps(ret, indent=2, ensure_ascii=False))
```

**Out**

```
[
  {
    "score": 0.639037,
    "label": "/science/ecology/environmental disaster"
  },
  {
    "score": 0.568974,
    "label": "/science/ecology/pollution"
  },
  {
    "score": 0.556406,
    "label": "/business and industrial/agriculture and
forestry"
  }
]
```

**リスト4.2.8** が実際にAPIを呼び出した際の分類結果です。カテゴリ体系は階層型になっていることがわかります。階層は、最大5階層までの深さが存在します。

scoreは他のAPIと同様で確信度に相当します。

## ● 意味役割抽出機能

　意味役割抽出機能（Semantic Role Extraction）とは、分析対象文を「主語」「動詞」「目的語」の要素に分解した場合、それぞれどの単語、あるいは単語のグループ（句や文節）が該当するかを示す、抽出機能となります。関係抽出（Relation Extraction）と似ていますが、関係抽出がエンティティ間の関係を見つけ出すボトムアップ型の分析であるのに対して、意味役割抽出は、文章全体を「主語グループ」「動詞グループ」「目的語グループ」に区切る、いわばトップダウン型の分析機能となります。

　こちらに関してもサンプルコードで振る舞いを確認してみます（ リスト4.2.9 ）。

リスト4.2.9 意味役割抽出機能の呼び出し（ch04-02-01.ipynb）

In

```
# リスト 4.2.9 意味役割抽出機能の呼び出し

# 抽出対象テキスト
text = 'IBMは毎年、多くの特許を取得しています。'

# 機能として「意味役割抽出機能」を利用
features=Features(semantic_roles=SemanticRolesOptions())

# 共通関数呼び出し
ret = call_nlu(text, features, "semantic_roles")

# 結果の表示
print(json.dumps(ret, indent=2, ensure_ascii=False))
```

Out

```
[
  {
    "subject": {
      "text": "IBMは"
    },
    "sentence": "IBMは毎年、多くの特許を取得しています。",
    "object": {
      "text": "多くの特許を"
```

```
    },
    "action": {
      "verb": {
        "text": "して"
      },
      "text": "して",
      "normalized": "して"
    }
  }
]
```

　リスト4.2.9 の例文では、object（目的語）とaction（動詞）は抽出できたのですが、本来あるべきsubjectの抽出ができませんでした。もともと、現在日本語で利用可能な7つの機能のうち、最も難易度の高い機能であるため、まだまだ結果が不十分な場合があるようです。

# 4.3 Knowledge Studio

NLUは事前学習なしにすぐ使える特徴を持っていましたが、業務固有の用語の抽出が比較的苦手です。業務に特化した用語の抽出のための個別学習環境が、本節で紹介するKnowledge Studioになります。どのような形で学習をするのか、具体的に見ていきましょう。

## 4.3.1 Knowledge Studioとは

Knowledge Studio（略称WKS）とは、一言でいえば「言葉を教えるためのUIツール」です。事前学習済みのNLUを用いたエンリッチはすぐに利用可能で非常に手軽ですが、業務に特有の言い回しや用語が多い場合は十分な効果が現れないこともあります。そこでKnowledge Studioの出番です。Knowledge Studioを利用することで、対象業務に特化した単語、用語、言い回しを扱えるようになります（ 図4.3.1 ）。

NLUとの対比でいうと、Knowledge Studioで学習・抽出可能な対象はエンティティ抽出と関係抽出になります。

**図4.3.1** NLUとWKSの機能

NLUや、4.4節で紹介するDiscoveryも、Knowledge Studioと連携することで業務特有の用語、言い回しに対応できるようになります。

## MEMO

### カテゴリ分類の学習

Knowledge Studioでカテゴリ分類を学習させる機能が、2019年3月にリリースされました。

一言でいうと、NLUの「カテゴリ分類機能」のカスタム版ができたということです。例えばNLUでは、「science」「science/weather」など、あらかじめ分類できるカテゴリが定義されています。そこに独自のカテゴリ、例えば「部活」「部活/運動部」等を定義することができるようになりました。ただし、執筆時点（2019年11月）ではダラス限定のベータ機能で、日本語未対応（英語のみ）ですので本書ではMEMOでの紹介に留めます。

## ● 言葉を教える2つの方法（モデル）

Knowledge Studioは業界特有の用語や言い回し、用語同士の関係を分析するためのモデルを作成します。モデルの作り方には「機械学習」と「ルールベース」の2つの方法があります（図4.3.2）。

機械学習では、「○○さんと一緒に外出する」「○○さんに質問をする」といった人名を扱う文章や、「○○で開催される」「○○にある工場」といった地名を扱う文章に人がタグ付け（アノテーション）を行います。ルールベースでは、「○○さん」のように「名詞＋さん」であれば○○は「人名」。「○○で開催される」のように係り受けを持つ○○は「地名」。といったルールを1つずつ定義していきます。

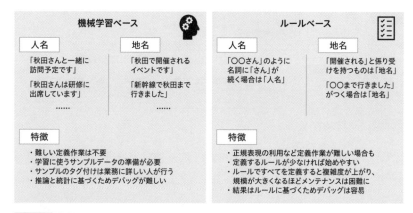

図4.3.2 機械学習ベースとルールベース

　機械学習の特徴は、人がサンプルデータにタグ付けをしてモデルを作るため難しい定義作業は不要であること、その一方で結果に対する原因の把握が難しいことが挙げられます。ルールベースの特徴は、正規表現の利用などルールの定義が難しい場合がある、ルールですべてを定義すると複雑度が上がりメンテナンスが困難になる場合があることなどが挙げられます。

　他の自然言語アノテーションツールと比較して、Knowledge Studioで特徴的なのは機械学習ベースのアノテーションなので、本節では機械学習ベースのアノテーションについて詳しく説明します。

 **MEMO**

> アノテーション
>
> 「アノテーション（annotation）」には「注釈」「注釈を付ける」という意味があります。本書では「一定量のテキストに情報を付与する」という意味で使用しています。

## ● Knowledge Studioで判断できるようになること

　Knowledge Studioで学習し、判断できるようになる情報は、次の3つです。

1. エンティティ（Entity）
2. 関係性（Relation）
3. 同一性（Coreference）

　この中で 1.エンティティと2.関係性に関しては4.2節 NLUで説明したのと同じ機能なので、省略します。

　3.の同一性とは、文章の中で出てきた代名詞が前の文のどの名詞を受けているか見つけ出す機能です。関係性は同一文中のエンティティ間でしか、見つけ出すことができませんが、同一性は文を跨いで見つけることが可能です。

**[同一性の例]**

> イベントは東京ドームで開催されました。そこへはJR水道橋駅から行きました。

　「東京ドーム」と「そこ」は異なる文にありますが、同一のものを表していますので、同一性を設定できます。

## 🔷 4.3.2　モデル作成に必要な作業の流れ

機械学習モデルを作るために必要な作業の流れは次の通りです（ 図4.3.3 ）。

- ●タイプ設計、タイプ入力
  学習させたいエンティティや関係を設計し、Knowledge Studioに入力します。

- ●辞書設計、辞書入力
  辞書化できるものを決定し、辞書に入力します。

- ●アノテーション文書取込み
  アノテーションを行う対象の文書をKnowledge Studioに取込みます。

- ●事前アノテーション
  人が一（いち）からアノテーションを行う労力を減らすため、あらかじめアノテーションを行います。

- ●ヒューマンアノテーション
  人が、取込みされた文書を見ながら、アノテーションを行います。

- ●トレーニング および 評価
  機械学習モデルのトレーニングと、どの程度正確に機械的なアノテーションができるかの評価を行います。

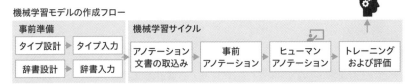

図4.3.3 機械学習モデルの作成フロー

### 4.3.3　インスタンスとWorkspaceの作成

　実際にどのような操作を行うかについて、代表的な画面を見ながら紹介していきます。Knowledge Studioのインスタンスは、巻末の付録3を参考に作成してください。

　Knowledge Studioのサービス詳細画面から（**図4.3.4**）、「Watson Knowledge Studioの起動」をクリックして、管理UIを起動します（**1**）。

　Workspaceとは、Knowledge Studioの1つのモデルを作成するために必要なリソース（辞書や文書）、成果物（アノテーション結果）を含む作業場所になります。

　Create a workspaceというタイトルの画面で「Create entities and relations workspce」をクリックします（**2**）。画面が切り替わったら、「Workspace name」に名前を入力します。ここでは「Sample」としましょう（**3**）。「Language of documents」で使用する言語「Japanese」を選択し（**4**）、「Create」をクリックします（**5**）。

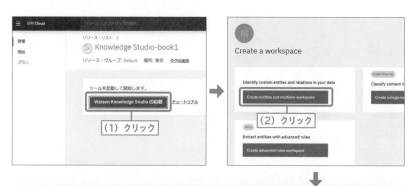

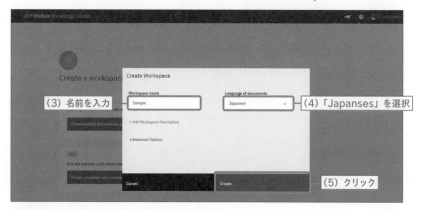

**図4.3.4** Knowledge StudioのWorkspace作成

## 🔷 4.3.4　事前準備作業（Type System 定義／辞書）

アノテーション作業を始める前に行う必要があるのが、Type System 定義です。

業務要件的に対象のテキスト文からどのような情報を抽出したいかを検討し、それを「エンティティ」と「リレーション」という「型」に落としていきます。ITシステム開発でいうと「データベース設計」にあたる重要なタスクです。設計時のポイントについては、本節の末尾のコラム「Knowledge Studioの勘所」に記載しましたので、そちらも参照してください。

### ● タイプ設計

ここでは、温泉地の活性化に関する文書をテーマにして実習を行います。エンティティとして「温泉」「泉質」「適応症」を、関係として「温泉の持つ性質」を定義します（ 表4.3.1 ）。温泉地の活性化に関する文書の中では、海外からの観光客に向けて「ONSEN」として大文字で温泉を表しているものも多かったので、今回は「ONSEN」をエンティティ名としました。

表4.3.1 Type System 定義

| エンティティ名 | 意味 |
|---|---|
| ONSEN | 温泉地 |
| Sensitsu | 泉質 |
| Tekiou | 適応症 |

| 関係名 | エンティティA | エンティティB | 意味 |
|---|---|---|---|
| hasAttribute | ONSEN（温泉地） | Sensitsu（泉質） | エンティティAがエンティティBを持つことを示す |
| targetCase | ONSEN（温泉地）Sensitsu（泉質） | Tekiou（適応症） | エンティティAが対象とするエンティティBを示す |

このType Systemの定義は、Knowledge Studioの画面上で 図4.3.5 のように表されます。エンティティと、エンティティ同士の関係性をどのように設定するかは、この後の項で説明します。

**図4.3.5** エンティティ・関係性が設定された状態

## ● タイプ入力

設計したエンティティ、関係をKnowledge Studio上に入力していきましょう。

「Assets」から「Entity Types」をクリックして（**図4.3.6**（1））、「Entity Types」画面を表示し、「Add Entity Type」をクリックします（2）。

「Entity Type Name」にエンティティ名（ここでは「ONSEN」）を入力して（3）、「Save」をクリックして（4）、完了です。「Roles」「Subtypes」には何も入力しないままにしておきます。

同じように、**表4.3.1** の他の2つのエンティティも登録します（**図4.3.7**）。

次に「Relation Types」画面で、作成したエンティティ同士の関係性を定義します。

「Assets」から「Relation Types」をクリックして（**図4.3.8**（1））、「Relation Types」画面を表示し、「Add Relation Type」をクリックします（2）。

「Relation Type」に「hasAttribute」と入力し（3）、「First Entity Type/Role」に「ONSEN」、「Second Entity Type/Role」に「Sensitsu」を入力して（4）、「Save」をクリックします（5）。

同じ手順で、もう1つの関係性も定義してください（6）。

**図 4.3.6** エンティティ・タイプの作成画面

**図 4.3.7** エンティティ・タイプの作成画面

**図4.3.8** 関係性の作成画面

## ● 辞書設計と辞書入力

　対象文書の中で同じものとして扱う単語や句をグループ化したものを、辞書として取込みます。「Lemma」(見出し語・代表となる語)、「Surface Forms」(同義語)、「Part of Speech」(品詞種別) を定義します。

モデル作成に必須の作業ではありませんが、辞書を使うと以降の作業が容易になります。「Assets」から「Dictionaries」をクリックし「Dictionaries」画面を表示します（図4.3.9（1））。「Create Dictionary」をクリックし（図4.3.9（2））、辞書の名前を入力します。ここでは「SensitsuDict」と入力しました（3）。「Save」をクリックすると（4）、辞書が作成されます。「Create an entity type with this name」にチェックをつけると、辞書と同じ名称のentityが作成されます。今回はチェックをつけないでください。事前に作ってあるentityと紐づけます。

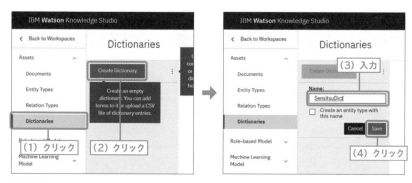

図4.3.9　辞書の登録（1）

　単語登録作業について説明しますが、この後辞書の取込みを行うため、実際の操作は不要です。

　辞書は必ずエンティティと関連付けられます。

　登録した辞書が、どのエンティティ・タイプにあたるかを「Entity Type」から選択して設定します（図4.3.10（1））。ここには、事前に登録している「Entity Type」が表示されます。

　「Add Entry」をクリックすると（2）、辞書に単語を登録する行が追加されます。まず「Surface Forms」に単語を登録します（3）。ここでは一番上の行に登録した単語が、Lemma（見出し語・最も代表的な単語）として扱われます。他にも同じ意味を表す単語がある場合、2行目以降に追加していきます。単語の「Part of Speech」（品詞種別）をリストから選択し（4）、「Save」をクリックすると（5）、単語が登録されます。

商用APIによるテキスト分析・検索技術

**図4.3.10** 辞書の登録（2）

**表4.3.2** Part of Speechとposcodeの対応表

| Part of Speech | 意味 | poscode |
|---|---|---|
| Noun | 名詞 | 19 |
| Common Prefix | 一般的な接頭語 | 23 |
| Common Suffix | 一般的な接尾語 | 24 |
| Proper Noun (Last Name) | 固有名詞（姓） | 140 |
| Proper Noun (First Name) | 固有名詞（名） | 141 |
| Proper Noun (Person Name) | 固有名詞（個人名） | 146 |
| Proper Noun (Organization) | 固有名詞（組織） | 142 |
| Proper Noun (Place Name) | 固有名詞（場所の名前） | 144 |
| Proper Noun (Region) | 固有名詞（地域） | 143 |
| Proper Noun (Other) | 固有名詞（その他） | 145 |

## ● 辞書の取込み

専門用語、製品名や製品型番など、大量の辞書登録が必要なケースもあります。そのような場合はCSVファイルを作成し、一括で辞書として取込めます。CSV形式で辞書を定義する場合は、品詞を「poscode」というあらかじめ定義された数値で設定を行います（ 表4.3.2 ）。

リスト4.3.1 に辞書定義サンプルを示します。このサンプルは、「単純温泉」で表される泉質には「アルカリ単純温泉」という表現があることや、「二酸化炭素泉」で示される泉質には「単純炭酸泉」「二酸化炭素泉」「単純CO2泉」などの表記があり得ることを考慮した辞書になっています。

リスト4.3.1 辞書CSVのサンプル（1行目は固定のタイトル）

```
lemma,poscode,surface
単純温泉,19,アルカリ性単純温泉,単純温泉
二酸化炭素泉,19,単純炭酸泉,二酸化炭素泉,単純二酸化炭素泉,単純CO2泉
```

本書では手順を簡単にするため、環境省が出している一覧を元に泉質の辞書CSVファイルを作成し、読者サポートページからダウンロードできるようにしました（Sensitsu.csv）。

先ほど作成した「SensitsuDict」上で、「Upload」をクリックして（ 図4.3.11 （1））、「Sensitsu.csv」を選択し（2）、ダイアログ上の「Upload」をクリックします（3）。

アップロードされた辞書が表示されます（ 図4.3.12 ）。Entityを変更する場合は、右の「Edit」をクリックして必要に応じて編集してください。

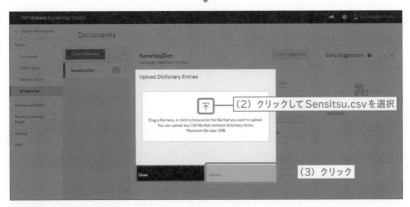

**図4.3.11** 辞書の取込み (1)

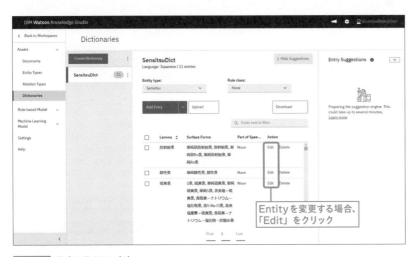

**図4.3.12** 辞書の取込み (2)

### 4.3.5 アノテーション作業 （文書取込みからヒューマンアノテーションまで）

4.3.4項で事前準備が完了しましたので、ここからは機械学習モデルを作っていきましょう。

#### ● 文書アノテーションにより機械学習用教師データ作成

機械学習モデルを作成するためには、図4.3.13、図4.3.14の作業が必要になります。

- ●アノテーション文書セットの追加
- ●事前アノテーション（オプション）
- ●ヒューマンアノテーションの実施

図4.3.13 ヒューマンアノテーションの流れ

4つの事前アノテーションの方法

人がアノテーションを行う前に……

ヒューマンアノテーター

| NLU（※）アノテーター | エンティティについてメンション<br>○：幅広い一般知識に関する文書<br>×：特定分野の専門的な文書 |
|---|---|
| 辞書アノテーター | エンティティ・タイプについてメンション<br>○：用語だけで判断できるエンティティ・タイプ<br>×：文脈も含め判断が必要なエンティティ・タイプ |
| ルールベースアノテーター | ルールベースモデルを使用した自動アノテーション<br>ルールベースモデルが作成済みの場合のみ利用可能<br>○：意味取り出しできる共通パターンが多い場合 |
| 機械学習アノテーター | 機械学習モデルを使用した自動アノテーション<br>機械学習モデルが作成済みの場合のみ利用可能<br>○：利用する機械学習モデルのトレーニングデータとアノテーション対象文書が似ている場合 |

※ Natural Language Understandingを使った事前アノテーションは、執筆（2019年11月）時点では日本語は対象外。

図4.3.14 事前アノテーション

**MEMO**

**事前アノテーションと4つの実現方法**

ヒューマンアノテーション実施前に事前にアノテーションできる仕組みが準備されています。

事前アノテーションに使えるのはNLUを使った「NLUアノテーター」、あらかじめ取込んでいる辞書を使った「辞書アノテーター」、作成済みのルールベースモデルを使う「ルールベースアノテーター」、作成済みの機械学習モデルを使う「機械学習アノテーター」の4つがあります。

それでは、実際の画面を見ながら作業のイメージをつかんでみましょう。

## ● アノテーション文書セットの追加

最初はアノテーション対象となる文書セットの追加です。文書セットは複数の文書の集まりで、 表4.3.3 のファイルがWorkspaceに追加できます。

表4.3.3 Workspaceに追加できるファイル

| ファイル種類 | ファイルの構成・制限 | 文字コード |
|---|---|---|
| CSV | 1カラム目は文書のID、2カラム目は文書テキストをセットしたCSV形式。一度にアップロードできるのは1ファイル | UTF-8 |
| Text | 1ファイルに1文書が含まれるテキストファイル。一度に複数ファイルをアップロード可能 | UTF-8 |
| HTML | 1ファイルに1文書が含まれるHTMLファイル。一度に複数ファイルをアップロード可能 | － |
| PDF | 1ファイルに1文書が含まれるPDFファイル。一度に複数ファイルをアップロード可能。スキャンした（テキスト情報の含まれない）PDF、パスワードのかかったPDFは扱えない | － |
| DOC、DOCX | 1ファイルに1文書が含まれるMicrosoft Wordファイル。一度に複数ファイルをアップロード可能。パスワードのかかったDOC、DOCXは扱えない | － |
| ZIP | 別のKnowledge Studioワークスペースからダウンロードした文書セット | － |

この演習では、本書のダウンロードサンプルの「sample_温泉情報.csv」を利用しています（ リスト4.3.2 ）。

酸ヶ湯温泉国民保養温泉地計画書，"酸ヶ湯温泉は 300 年の昔から開かれてい➡
た山の温泉宿であり、その泉質は （…略…）"
田沢湖高原温泉郷 国民保養温泉地計画書，"田沢湖高原温泉郷は、十和田八幡平➡
国立公園の八幡平地区の西南端に位置し、（…略…）"
碁点温泉 国民保養温泉地計画書，"碁点温泉は、山形県の中央部村山盆地の北部➡
に位置する村山市にあり、（…略…）"

　左ペインの「Assets」から「Documents」画面を表示し、「Upload Document
Sets」をクリックして（図4.3.15（1））、アップロード画面を表示させます。「Add
a Document Set」画面が表示されたら、アップロードするファイルをドラッグ

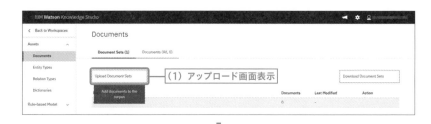

**図4.3.15** 文書セットのアップロード

&ドロップし（2）、「Upload」をクリックします（3）。「Documents」画面に、アップロードしたファイルが表示されていることが確認できます（4）。

　「Documents」画面の「sample_温泉情報.csv」をクリックすると、含まれている文書の一覧が確認できます（図4.3.16）。

**図4.3.16** 文書セットに含まれる文書リスト

## ● 事前アノテーション（オプション）

　次に、事前アノテーションを行います。ここでは4つある事前アノテーションのうち、一番よく使われることが多い、辞書による事前アノテーション機能を利用します。

　事前に取込んである辞書を選択し、アノテーション対象を選択するだけで事前アノテーションが完了します。

　画面左側のメニューの「Machine Learning Model」の下にある「Pre-annotation」を選択し（図4.3.17（1））、「Pre-annotation」画面の「Apply This Pre-annotator」をクリックします（2）。辞書がエンティティと関連付けられていない場合、「Apply This Pre-annotator」がクリックできません。そのときは、画面下部の「Dictionary Mapping」で、辞書に対応する「Entity Type」を選択してください。「Run Annotator」画面が表示されたら、事前アノテーション対象の文書セットを選択し（3）、「Run」をクリックすると（4）、事前アノテーションが開始されます。

**図4.3.17** 事前アノテーションの実施

　画面右上に「Success」とメッセージが表示されたら、事前アノテーションは完了です（**図4.3.18**）。

**図4.3.18** 事前アノテーションの完了通知

商用APIによるテキスト分析・検索技術

　事前アノテーションの実施結果は、 図4.3.19 のようになります（操作方法は、以降で解説します）。

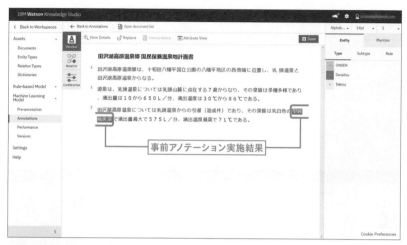

**図4.3.19** 事前アノテーションの実施結果

## ● ヒューマンアノテーションの実施

　取込んだ文書セットへの事前アノテーションが終わりましたので、いよいよ人によるアノテーション作業、ヒューマンアノテーションを行います。

　画面左側のメニューの「Machine Learning Model」の下にある「Annotations」を選択し（図4.3.20 (1)）、「Annotations」画面から対象の文書セットの「Annotate」をクリックします（2）。「Select Document」画面が開き文書一覧が表示されますので、アノテーション対象文書の右端にある「Open」をクリックして（3）、文書を開きます（4）。ここでは「田沢湖高原温泉郷 国民保養温泉地計画書」を開きました。

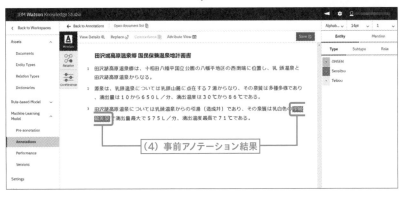

図4.3.20 アノテーション対象文書の表示

Knowledge Studioで学習させられるのは、「エンティティ（Entity）」「関係性（Relation）」「同一性（Coreference）」の3つです。この後、それぞれのアノテーション作業を見ていきます。

手順は非常に簡単で、初めての人でも簡単に操作できるUIになっています。この画面を「グランドトゥルース・エディター」と言います（図4.3.21）。

エンティティの設定画面では、最初に設計したエンティティ・タイプを文書内の語句に対して行っていきます。図4.3.21 は語句にエンティティが設定された状態です。

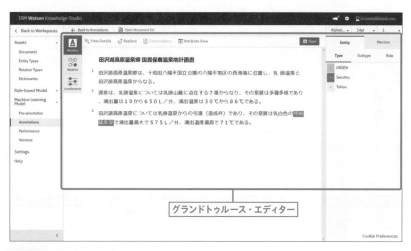

図4.3.21 グランドトゥルース・エディター

 **MEMO**

### グランドトゥルースとは

「精査された正しい回答」を意味します。
ヒューマン・アノテーターが正確にアノテーションを行った文書の集合を、グランドトゥルースと呼びます。

語句にエンティティを設定するには、文章中のエンティティを設定したい語句のエリアをドラッグして選択状態にし（図4.3.22 （1））、右側の「Entity」タブの下の「Type」にあるエンティティ・タイプをクリックします（2）。設定はこれで完了です（3）。

図 4.3.22 エンティティ設定の方法

エンティティを間違えて設定してしまった場合、画面左上の「View Details」をクリックしてください（図4.3.23（1））。エンティティがどの語句に設定されているかが表示されますので、削除したいエンティティの右側にある「×」をクリックすれば（2）削除は完了です。

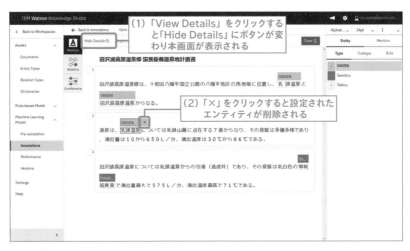

図 4.3.23 エンティティ設定の削除方法

次に、エンティティ設定を行った語句同士の関係性を定義していきます。

設定画面左上部の「Relation」をクリックするとグランドトゥルース・エディターが関係性（リレーション）設定モードになります（図4.3.24（1））。

　関係性の設定方法も、エンティティ同様非常に簡単です。設定対象となるエンティティを2つ選んで（2）（3）、その関係性を右側のリレーションタイプから選択します（4）。エンティティを2つ選ぶと、リレーションタイプの一覧は、選択したエンティティによって設定できるものだけが絞り込まれた状態になっています。ここでは「hasAttribute」（～の属性を持つ）というリレーションタイプに絞り込まれています。これでエンティティ間の関係性が設定されました（5）。

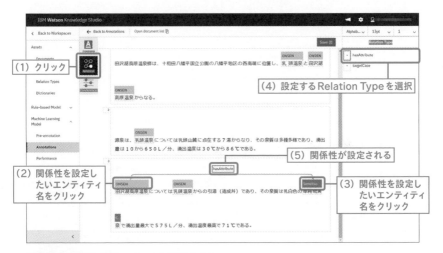

図4.3.24 関係性（リレーション）設定の方法

　最後に、異なる語句が同じものであることを示す同一性の設定画面について見ていきましょう。

　グランドトゥルース・エディター左上部の「Coreference」をクリックすると同一性設定モードで表示されます（図4.3.25（1））。

　同一性を設定するには、同一のものとして扱いたいエンティティをクリックして選択状態にしてから、再度選択したエンティティのいずれかをクリックします（2）（3）。これで語句の下に同じ番号が付き、右側の「Coreference Chains」（同一性指示チェーン）に同一性が設定された語句が表示されるようになります。同一性が設定された語句が表示された状態が（4）となります。

**図4.3.25** 同一性設定の方法

　同一性を持つエンティティを追加する場合は、同一性を持つエンティティを2度クリックして（**図4.3.26**（1））、Coreference Chainsに追加します（2）。対象の「Coreference Chains」の「ID」をクリックします（3）。詳細画面が表示されるので、追加したいCoreference IDを選択して「Merge」をクリックします（4）。設定対象を確認して「OK」をクリックすると（5）、対象にエンティティが追加されています（6）。

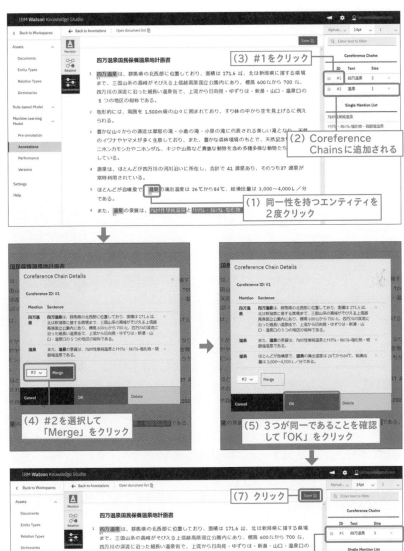

図4.3.26 同一性設定の追加方法

このようにして、アノテーションを行っていきます。アノテーション終了後は、必ず画面右上の「Save」をクリックしてください（7）。

4.3.6項で行う機械学習モデルのトレーニングには、アノテーション済みの文書が最低10文書必要になります。すべての文書に対してアノテーションを行ってください。アノテーションが行われた文書には「Status」にアイコンがセットされます（図4.3.27）。なおアノテーション作業を簡単にするため、アノテーション済み文書を準備してあります。この後の手順に示します。

**図4.3.27** アノテーション状況の確認

アノテーション作業を簡単にしながら一定の精度を出すために、本演習では事前にアノテーションを行った文書を準備しました。アノテーション文書セットの追加の手順に従って、読者サポートページからダウンロードした「corpus-アノテーション済み.zip」の取込みを行ってください。zipファイルは解凍せずにzipの状態でDocumentsにアップロードします（図4.3.28 上（1）〜（4））。アップロードするとアノテーション済み_sample_温泉情報.csvとアノテーション済み_sample_温泉情報2.csvが画面に表示されるようになります（図4.3.28 下（1））。画面に表示される「Import」は、zipファイル取込み後、自動的に作成されるDocument Setです（図4.3.28 下（2））。

> ● アノテーション済み_sample_温泉情報.csv
> ここまでの演習で使った文書セット（10文書）をアノテーションしたものです。次の手順では、読者がアノテーションした文書セットか、本書で準備したこの文書セットか、どちらかを選んで機械学習モデルのトレーニングを行います。

● アノテーション済み_sample_温泉情報2.csv

ここまでの演習で使った文書とは異なる30文書をアノテーションしたもの
です。文書セットが取込まれていること（図4.3.28 下（1）（2））、取込まれ
た文書セットのアノテーションが完了していること（図4.3.28 下（3）（4））
が確認できます。

・アノテーション済み文書の取込み

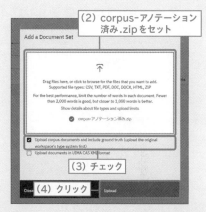

・アノテーション済み文書の取込み結果

図4.3.28 アノテーション済み文書の取込み（上）と
アノテーション済み文書の取込み結果の確認（下）

Knowledge Studio を使って NLU や Discovery に業界・業務特有の言葉を学習させるヒューマンアノテーションの流れを説明しました。実際に機械学習モデルを利用するためには、このあとモデルのトレーニングと評価を行って、NLU や Discovery との連携を行います。

## 4.3.6 機械学習モデルのトレーニングと評価

ヒューマンアノテーションまで完了したら、機械学習モデルのトレーニングと評価を行います（図4.3.29）。

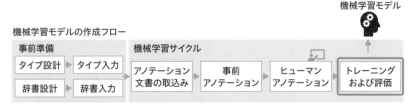

図4.3.29 機械学習モデルの作成フロー

### ● 機械学習モデルのトレーニングと評価のための設定

機械学習モデルのトレーニングを行うためにはトレーニングのための文書セットトレーニング・セットが、評価を行うためには評価用の文書セットテスト・セットが必要になります。

あらかじめトレーニング・セット、テスト・セットを分けて準備しておく方法と、ヒューマンアノテーション後に文書セットをトレーニング・セット、テスト・セットに分割する方法があります。本書の演習では、後者の方法でトレーニングと評価を行います。

画面左側のメニューの「Machine Learning Model」の下の「Performance」を選択し（図4.3.30（1））、表示された「Performance」画面上の「Train and evaluate」をクリックします（2）。
「Training / Test / Blind Sets」画面で「Edit Settings」をクリックし（3）、トレーニングに使う文書セットやトレーニング・セット、テスト・セットの設定を行います（4）。同じ文書に対して異なるアノテーションがある状態を防ぐため、読者がアノテーションした「sample_温泉情報.csv」か本書で準備した「アノテーション済み sample_温泉情報.csv」は、どちらか一方だけを選択してください。

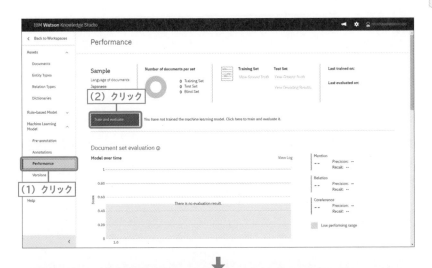

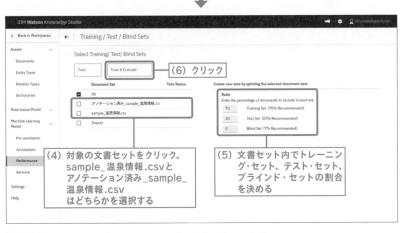

図4.3.30 機械学習モデルのトレーニング・評価のための設定

「Create new sets by splitting the selected document sets」を選択して、ト
レーニング・セット、テスト・セット、ブラインド・セットの割合を決定します（5）。
ここではトレーニング・セットを70%、テスト・セットを30%に振り分けます。

最後に「Train & Evaluate」をクリックし（6）、モデルのトレーニングと評
価を実行します。

右上に緑色のSuccessメッセージが表示されれば、トレーニングは完了です。
アノテーションの数や文書に含まれる単語の数によってトレーニング時間は異な
りますが、短くて数分、長ければ数時間かかることもあります。筆者の環境では、
本演習のトレーニングは10分ほどで完了しました。

**MEMO**

ブラインド・セット

評価には使われますが、機械学習モデルがアノテーションした結果をユーザーに見
せない文書セットです。既知の文章に偏った学習（過学習）を防ぐための仕組みとし
て準備されている機能です。

## ● 機械学習モデルの評価方法と評価結果

トレーニングと評価が終わったら、パフォーマンス画面を確認します（図4.3.31）。
画面右下にエンティティ、関係性、同一性の適合率（Precision）、再現率（Recall）
という数値が表示されています。

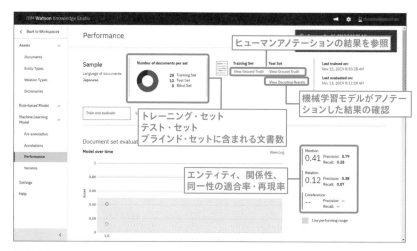

図4.3.31 パフォーマンス画面

　もう少し細かい評価結果の指標を見ることができます。パフォーマンス画面の中ほどに「Current version insights」の表示エリアがありますので、そこの「Detailed Statistics」をクリックすると評価指標が表形式で表示されています（図4.3.32）。

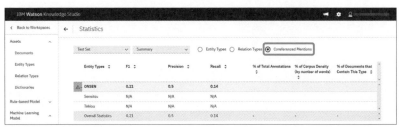

図4.3.32 評価指標画面

●F1

適合率と再現率をバランスよく持ち合わせているかの指標です。最大が1、最小が0となります。

$$\frac{1}{F} = \frac{1}{2} \left( \frac{1}{Presicion} + \frac{1}{Recall} \right)$$

●適合率 (Precision)

アノテーションされたものが、正しくアノテーションされている割合（精度）を示します。

適合率 $= \dfrac{TP}{TP + FP}$ で算出されます。

●再現率 (Recall)

本来アノテーションされるべきもののうち、正しくアノテーションされた割合（検出率）を示します。

再現率 $= \dfrac{TP}{TP + FN}$ で算出されます。

●合計アノテーションの割合
(% of Total Annotations)

あるタイプのエンティティまたは関連性が、他のタイプに比べてどの程度の割合で出現するのかを表します。

●コーパス密度の割合（単語数）
(% of Corpus Density (by number of words))

単語の総数のうち、あるタイプのエンティティまたは関連性でアノテーションが付けられた単語の数を表します。

●特定タイプを含む文書の割合
(% of Documents that Contain This Type)

あるタイプのエンティティまたは関連性がどのくらいの数の文書に含まれているのかを表します。

TP、FP、FNの意味は、 表4.3.4 を参照してください。

表4.3.4 計算に必要な値とその意味

| 名称 | 意味 |
|---|---|
| 真陽性（TP） | 本来そのエンティティ（※）にアノテーションすべきで、実際にそのエンティティ（※）にアノテーションされた単語数 |
| 真陰性（TN） | 本来そのエンティティ（※）にアノテーションしてはならず、実際にそのエンティティ（※）にアノテーションされなかった単語数 |
| 偽陽性（FP） | 本来そのエンティティ（※）にアノテーションしてはならないが、誤ってそのエンティティ（※）にアノテーションされた単語数 |
| 偽陰性（FN） | 本来そのエンティティ（※）にアノテーションすべきが、誤ってそのエンティティ（※）にアノテーションされなかった単語数 |

（※）…エンティティまたは関係性または同一性

ここでは、 表4.3.5 のような結果になりました。

エンティティ「ONSEN」の結果を見てみましょう。

適合率の0.93。これは機械学習モデルがアノテーションした「ONSEN」のうち、93%が正しいことを示しています。

再現率の0.39は、本来アノテーションされるべき「ONSEN」エンティティのうち39%がアノテーションできたことを示しています。

合計アノテーションの割合（% of Total Annotations）を見ると 136/411 となっています。全部で411単語のアノテーションが行われ、そのうち136単語が「ONSEN」エンティティであることを示しています。

適合率が0.93なので、136単語のうち126単語が正しくアノテーションされたことがわかります。

また再現率が0.39で136単語がアノテーションされていることから、本来は349単語が「ONSEN」エンティティであるとわかります。

コーパス密度の割合（単語数）（% of Corpus Density（by the number of words））が4%なので、文書全体の単語数のうち「ONSEN」エンティティは4%であることを示します。

特定タイプを含む文書の割合（% of Documents That Contain The Type）は100%なので、すべての文書に機械学習モデルが「ONSEN」とアノテーションした単語が含まれていることを示します。

表4.3.5 計算に必要な値とその意味

| エンティティ | F1 | 適合率<br>(Precision) | 再現率<br>(Recall) | % of Total<br>Annotations | % of Corpus Density<br>(by number of words) | % of Documents that<br>Contain This Type |
| --- | --- | --- | --- | --- | --- | --- |
| ONSEN | 0.55 | 0.93 | 0.39 | 33% (136/411) | 4% (136/3138) | 100% (12/12) |
| Sensitsu | 0.55 | 0.74 | 0.43 | 39% (162/411) | 5% (162/3138) | 92% (11/12) |
| Tekiou | 0.06 | 0.33 | 0.03 | 27% (113/411) | 4% (113/3138) | 67% (8/12) |
| Overall<br>Statistics | 0.41 | 0.79 | 0.28 | 100% (411/411) | 13% (411/3138) | 100% (12/12) |

| 関係性 | F1 | 適合率<br>(Precision) | 再現率<br>(Recall) | % of Total<br>Annotations | % of Corpus Density<br>(by number of words) | % of Documents that<br>Contain This Type |
| --- | --- | --- | --- | --- | --- | --- |
| hasAttribute | 0.24 | 0.38 | 0.18 | 44% (95/218) | 3% (95/3138) | 42% (5/12) |
| targetCase | 0 | 0 | 0 | 56% (123/218) | 4% (123/3138) | 25% (3/12) |
| Overall<br>Statistics | 0.12 | 0.38 | 0.07 | 100% (218/218) | 7% (218/3138) | 50% (6/12) |

| 同一性 | F1 | 適合率<br>(Precision) | 再現率<br>(Recall) | % of Total<br>Annotations | % of Corpus Density<br>(by number of words) | % of Documents that<br>Contain This Type |
| --- | --- | --- | --- | --- | --- | --- |
| ONSEN | 0.21 | 0.5 | 0.14 | | | |
| Sensitsu | N/A | N/A | N/A | | | |
| Tekiou | N/A | N/A | N/A | | | |
| Overall<br>Statistics | 0.21 | 0.5 | 0.14 | | | |

　機械学習モデルのアノテーション結果を、ヒューマンアノテーションの結果と比較してみましょう。

　パフォーマンス画面の「View Decoding Results」（図4.3.31）をクリックすると、「Select Document」の画面になります。確認したいドキュメントの「Open」をクリックします（画面は割愛）。すると機械学習モデルによるアノテーション結果が確認できます（図4.3.33）。

　同じようにパフォーマンス画面のTest Set下の「View Ground Truth」（図4.3.31）をクリックしてヒューマンアノテーション結果を表示し、比較してみると、評価指標のF1値や適合率、再現率について理解が深まることと思います。

機械学習モデルが
アノテーションした結果

---

5 平成27年には、「温泉文化 生活文化 そして芸術文化を味わう」を板室温泉の 新たなテーマ
とし、古くからの湯治文化を活か し板室温泉三大祈願祭(板室温泉の三大パワース ポット「
板室温泉神社」、「龍岩神社」及び「木の 保地蔵」で祈願されるお札を湯口に供え、その
お 湯に入ることで御利益が得られる祭り)を開始す るなど、温泉や芸術などの文化が香る
温泉街づく りを進めている。

6 板室温泉の主な泉質は31～49℃の単純温泉及び硫酸塩泉で、単純温泉は、筋肉若しくは
関節の慢性的な痛み又はこわばり・冷え性・病後回復期・疲労回復・健康増進・自律 神経
不安定症・不眠症・うつ状態等への効果が挙げられ、硫酸塩泉は、きりきず・末梢循 環障害
・冷え性・うつ状態・皮膚乾燥症等への効果が挙げられる。

7 板室温泉の特徴の一つとして、市営入浴施設である「板室健康のゆ グリーングリーン」を
除く浴用利用施設に つ いては、源泉掛け流しであることが挙げられる。

機械学習モデルが
アノテーションした結果

---

5 平成27年には、「温泉文化 生活文化 そして芸術文化を味わう」を 板室温泉 の 新たなテーマ
とし、古くからの湯治文化を活か し 板室温泉 三大祈願祭( 板室温泉 の三大パワース ポット「
板室温泉神社」、「龍岩神社」及び「木の 保地蔵」で祈願されるお札を湯口に供え、その
お 湯に入ることで御利益が得られる祭り)を開始す るなど、温泉や芸術などの文化が香る
温泉街づく りを進めている。

6 板室温泉 の主な泉質は31～49℃の単純温泉及び硫酸塩泉で、単純温泉は、筋肉若し くは
関節の慢性的な痛み又はこわばり・冷え性・病後回復期・疲労回復・健康増進・自律 神経
不安定症・不眠症・うつ状態等への効果が挙げられ、硫酸塩泉は、きりきず・末梢循 環
障害・冷え性・うつ状態・皮膚乾燥症等への効果が挙げられる。

7 板室温泉 の特徴の一つとして、市営入浴施設である「板室健康のゆ グリーングリーン」を
除く浴用利用施設について は、源泉掛け流しであることが挙げられる。

ヒューマンアノテーション
結果(正解データ)

---

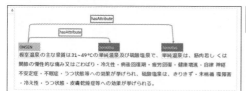

機械学習モデルが
アノテーションした結果

---

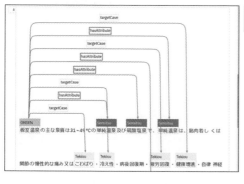

ヒューマンアノテーション
結果(正解データ)

図 4.3.33
機械学習モデルによる
アノテーション結果

## ● モデル・バージョンの作成

　画面左側のメニューの「Machine Learning Model」の下の「Versions」を選択すると（図4.3.34（1））、Version 1.0の機械学習モデルができています（2）。Knowledge Studioで学習した機械学習モデルを、DiscoveryやNLUから呼び出して利用するためには、必ず最新バージョンより1世代以上前のバージョンを使う必要があります。そのため、新しいバージョンを作りましょう。「Version」画面上の「Create Version」をクリックすると（3）ダイアログが出てきますので、「OK」をクリックします（4）。（5）のように作成されました。

　これでVersion 1.0のモデルをNLUやDiscoveryから呼び出せるようになりました。

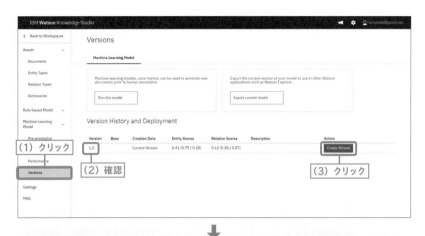

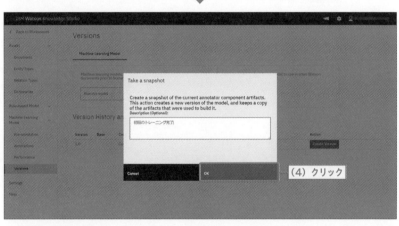

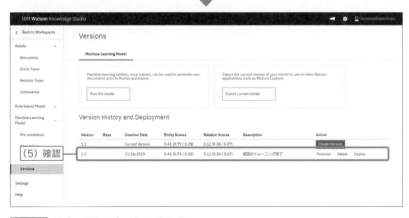

図4.3.34 デプロイ用のバージョンを作成

　作成したモデルを、NLUで使えるようにしてみましょう。

　Version 1.0のモデルのActionで「Deploy」をクリックすると（ 図4.3.35 （1））、サービスの選択ダイアログが表示されるので、「Natural Language Understanding」を選択してから「Next」をクリックします（2）（3）。次のダイアログでどの（NLU）に適用するのかを設定します。適用先のRegion、Space or Resouce group、Service nameを選択し（4）、最後に「Deploy」をクリックします（5）。NLU側で設定するためのモデルIDが生成されます（6）（7）。

　ここで取得したモデルIDを、NLUの呼び出しで使うことができます。

　 リスト4.3.3 は4.2節の リスト4.2.1 と、 リスト4.3.4 は4.2節の リスト4.2.2 と同じものです。 リスト4.3.5 で、本演習で作成したモデルIDを設定してNLUの分析結果を取得します。

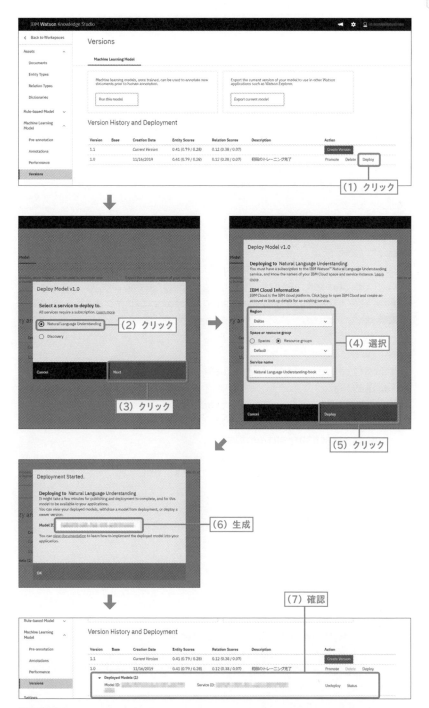

図4.3.35 適用先のNLUを設定

NLU 呼び出し用インスタンス生成 (ch04-03-01.ipynb)

**In**

```python
# リスト 4.3.3 NLU呼び出し用インスタンス生成

# NLUの資格情報
nlu_credentials = {
    "apikey": "                                    ➡
            ",
    "url": "                                        ➡
                             "
}

# 必要なライブラリのimport
import json
from ibm_watson import NaturalLanguageUnderstandingV1
from ibm_watson.natural_language_understanding_v1 import *
from ibm_cloud_sdk_core.authenticators import ➡
IAMAuthenticator

# API呼び出し用インスタンスの生成
authenticator = IAMAuthenticator(nlu_credentials➡
['apikey'])
nlu = NaturalLanguageUnderstandingV1(
    version='2019-07-12',
    authenticator=authenticator
)
nlu.set_service_url(nlu_credentials['url'])
```

**リスト4.3.4** NLU 呼び出し用共通関数 (ch04-03-01.ipynb)

**In**

```python
# リスト 4.3.4 NLU呼び出し用共通関数

# text: 対象テキスト
# feature: 分析機能を意味するObject
# key: 分析結果jsonをfilterするためのキー
def call_nlu(text, features, key):
    response = nlu.analyze(text=text, features=➡
features).get_result()
    return response[key]
```

**リスト4.3.5** 機械学習モデルを使ったエンティティ抽出機能の呼び出し
(ch04-03-01.ipynb)

In

```
# リスト 4.3.5 エンティティ抽出機能の呼び出し

# 対象テキスト
text = "大勢の観光客が温泉街を歩く島根県・玉造温泉 ( カルシウム・➡
ナトリウム－硫酸塩・塩化物泉 ) は、環境大臣賞受賞。"

# 分析機能として「エンティティ抽出機能」を利用
features=Features(entities=EntitiesOptions(model=➡
"████████-████-████-████-████████████"))

# 共通関数呼び出し
ret = call_nlu(text, features, "entities")

# 結果の表示
print(json.dumps(ret, indent=2, ensure_ascii=False))
```

Out

```
[
  {
    "type": "Sensitsu",
    "text": "ナトリウム－硫酸塩・塩化物泉",
    "disambiguation": {
      "subtype": [
        "NONE"
      ]
    },
    "count": 1,
    "confidence": 0.990433
  }
]
```

同じような方法で4.4節以降で紹介するDiscoveryと連携することも可能です。

## Knowledge Studio の勘所

　Knowledge Studioの「勘所」について説明します。Knowledge Studioのプロジェクトを実際に行う場合、以下の点に注意して各タスクを進めるようにしてください。

### ● 1. Type System 設計の勘所

　Type System 設計は、普通の開発案件でいうと、論理データベース設計にあたる最も重要で難しいタスクです。その勘所を以下に示します。

**勘所 1.1** 実現可能性の検討

　Type System 設計に着手する前に、Knowledge Studioで行おうとしていることの実現可能性を検証してください。この際に最も重要なのが、実際にアノテーションを行う予定の文書の入手です。多くのパターンの文書から一貫した形で「特定のカテゴリの用語」「用語と用語の関係性」のようなものが定義できそうか評価します。

　評価をする際には、狙いとする「特定のカテゴリの用語」の出現頻度にも注目します。頻度が少ない場合、学習量が少なく、精度の高い機械学習モデルができない可能性があるからです。

　もし、パターンの定義ができそうという結論になった場合、「特定のカテゴリの用語」がエンティティ（Entity）の候補、「用語と用語の関係性」が関係性（Relation）の候補ということになります。

**勘所 1.2** エンティティと関係性は必要最小限に絞り込む

　初めてKnowledge Studioに取り組むと、どうしてもいろいろなことを行ってみたくなり、数多くのエンティティと関係性を定義しがちです。しかし、当たり前ですが、この数を増やすということは、ヒューマンアノテーションの工数を増やすことになります。また、機械学習モデルにとっても、候補のエンティティの数が増えるということは自動的に精度の低下につながります。

　ですので、特に最初に取り組むときは、エンティティと関係性の数を必要最小限に絞るようにしてください。絞り込みを行う際に一番の基準となるのは「業務観点で抽出する意味があるかどうか」です。

　そういう意味で、チュートリアルで引用されている以下のサンプルは、典型的なよくない例（エンティティと関係性の数が多すぎる）なので、初めてアノテーションをする際はできるだけ利用しないようにしてください。本書の実習はこの点に配慮したものとなっているので、初めて試される読者はこちらを最初に実習されることをお勧めします。

### ● チュートリアルで引用されているサンプルの例

　URL　https://watson-developer-cloud.github.io/doc-tutorial-downloads/
　　　　knowledge-studio/en-klue2-types.json

　短縮URL　https://ibm.co/2rGk41V

**勘所 1.3** エンティティの意味定義は明確か確認する

　筆者が実際に遭遇した事例です。お客様がエンティティAとエンティティBを区別したいという要望を出されて、そのようにType System定義をしたのですが、客観的に見て2つの違いがよくわからず、まわりの単語の出方も同じような感じでした。

　実際に検証してみると案の定、この2つの区別がうまくできなくて、精度が落ちていることがわかりました。認識精度を上げるためには、個々のエンティティの意味が明確に（客観的に）規定できるようにしたほうがよいです。

### ● 2. ヒューマンアノテーションの勘所

　適切なType Systemの定義が行えても、実際のヒューマンアノテーションのやり方次第で精度は大きく変わってきます。アノテーション局面での勘所をいくつか紹介します。

**勘所 2.1** 標準化の徹底

　Knowledge Studioで精度を上げるための最大のポイントは、アノテーションの方針にブレがないようにすることです。

　そのための対策としては、アノテーション方針に関する標準化・文書化の徹底ということになります。

　まず、事前調査、Type System定義の際に考えたルールは必ず文書化をしてください。その際、単に抽象的なルールを決めるだけでなく、実際の文章でどうなるかの実例を可能な限り数多く付けることがポイントです。

　実際に多くの文書にアノテーションを行うと、必ず事前に想定したルールで判別できない事象が出てきます。その場合、ケース毎にそれまでのルールと矛盾の起きない形で、追加のルール、事例の登録を行います。

　以上の方針は、アノテーションを実施する人が1人の場合であっても重要なのですが、複数人でアノテーションを行う場合により重要になります。

　複数人でアノテーションする場合、

- 管理者を1人決める
- アノテーション実施者が判断に迷った場合、必ず管理者に問い合わせる
- 管理者は、回答すると同時に新しいルールをガイドの形で明文化する

といった運用にすることが望ましいです[3]。

　上記のサイクルを真面目に適用していった場合、初期のアノテーション結果と、最後の時期のアノテーション結果が異なるということがあり得ます。あるいは、フィードバックを何度も行っているうち、当初決めていたType Systemに見直しをかけたほうがよいことが判明することもあります。

---

※3　理想的にはKnowledge Studioの機能を使って、同じ文書を2名でアノテーションし差分比較をする方法が望ましいのですが、工数が2倍以上になってしまうため、実プロジェクトでの事例は非常に少ないです。

このような点に配慮して、本格的な（Proof of Concept：概念実証）を実施する場合、サイクルの1回目は、ルールの明確化を主目的として、少な目の文書で実施し、アノテーション結果については、捨てるつもりで計画したほうが望ましい場合もあります。

**勘所 2.2** アノテーション対象文書の選定

めったに出てこないEntityの場合、学習データが少ないため、どうしても他のEntityと比較して精度が低くなる傾向にあります。その対策として、頻度の少ないEntityを含む文書の比率を多くする工夫が考えられます。

**勘所 2.3** 「ネガティブ」も重要な学習データ

Knowledge Studioの学習では、どうしてもエンティティ・関係性のタグ付けされた教師データに関心が行きがちですが、実は「1つもエンティティが含まれていない」ということも重要な教師データになります。そこでこのようなテキストデータも学習データに含めることを忘れないようにしてください。

**勘所 2.4** エンティティは少ない語数のものとする

これはKnowledge Studioの英文ガイドにも記載されていることです。Knowledge Studioの機械学習モデルは、あまり多い語数のエンティティを定義すると認識精度が悪くなる傾向があります[4]。この事象を防ぐため、できるだけ少ない語数のエンティティとするようにしてください。

**図4.3c.1** は、悪いアノテーションの例です。ここでは「The electronic module was burnt」と「because the wrong voltage was applied」という文節全体をPROBREMとCAUSEというエンティティにしているため、エンティティの語数が長くなってしまっています。

**図4.3c.1** 悪いアノテーションの例

**図4.3c.2** が、**図4.3c.1** のアノテーションを改善した例です。ここでは「electronic module」「burnt」「wrong voltage」という形で、各エンティティは短い語数になっています。そしてエンティティ間の関係をRelationで表現することで、**図4.3c.1** と同じ意味抽出を実現しています。

---

※4 このようなアノテーションを数多く行うと、誤検出（本来エンティティでないものまでエンティティと見なしてしまう）が多くなる傾向があります。

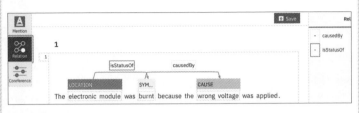

図4.3c.2 良いアノテーションの例

## ● 3. 評価の勘所

アノテーション・機械学習実施後のプロセスとして精度評価があります。精度評価時の勘所をいくつか紹介します。

### 勘所3.1 精度の目標値

精度としてどの程度の値を目指したらいいかという話をよく質問されます。文書の傾向、問題の難しさなどにより目標精度は変わってくるので、一般論としては言えないのですが、1つの目安として、

● エンティティ: 80%
● リレーション: 50%

ということが言えます。また、実際にこの精度をPoC（Proof of Concept：概念実証）で達成した案件も存在します。

なぜ、リレーションのほうが目標値が小さいかですが、これは単純な算数の問題となります。

エンティティAとエンティティBの間のリレーションCを認識する場合、

1. エンティティA自身が正しく認識される
2. エンティティB自身が正しく認識される
3. 1.と2.がうまくいった場合にAとBの関係性が正しく認識される

の3つの条件のAND条件となります。

仮に1つの条件を満たす確率が80%であったとすると、3つすべてを満たす確率は$(0.8 \times 0.8 \times 0.8 = 0.512)$、つまり51.2%という計算になります。

ユースケースによっては、50%の精度しか見込めないのであれば、業務として成り立たないということもあります。その場合は、そもそもそのような業務にKnowledge Studioを適用するのが適切だったのか、もっと根本的な点から見直すことが必要です。

**勘所3.2** 精度評価は必ず個別項目単位で行う

　Knowledge Studioは、わかりやすいUIでヒューマンアノテーションを直感的に行えるだけでなく、精度評価の画面もわかりやすくて便利な点が特徴です。精度評価はこの機能を十分に活用して行うようにしてください。

　以下で紹介するのは、著者が相談を受けたある案件の話です。

　最初、「精度が目標値まで出ないのでどうしたらいいか」という相談を受けたのですが、個別項目の精度がどうなっているか質問したところ、そもそもそういう機能があることすら、知らなかったようでした。

　さっそく、項目別の精度を確認し、特に精度の低いエンティティが見つかったので、なぜそうなっているのかの「原因分析」⇒「対策」のサイクルを回すことで、最終的には目標としていた精度を出すことができました。

# 4.4 **Discovery**

本節では、クラウド型の情報検索エンジンである Discovery について、その特徴と機能を解説します。

## ◉ 4.4.1 Discoveryとは

Discovery は、テキスト情報の検索や分析を行うクラウドサービスです（図4.4.1）。多種多様で大量のテキストデータを取込んで「人が知りたいものを見つける・分析する」処理を簡単な手順で行えるようにしています。

Discovery の機能は、文書を Discovery に取込む文書取込み、文書に情報を付加するエンリッチ、Discovery から情報を取り出すクエリーの大きく3つに分かれます。

Discovery の特徴的な機能が、文書の取込み時に Natural Language Understanding（4.2節で解説）や Knowledge Studio（4.3節で解説）と連携して、文書に分析した結果を付与して保存するエンリッチです。文書に含まれるテキストだけではなく、エンリッチされたデータを使って高度な情報検索ができるようになっています。

3つの機能については、それぞれこの後ご紹介します。

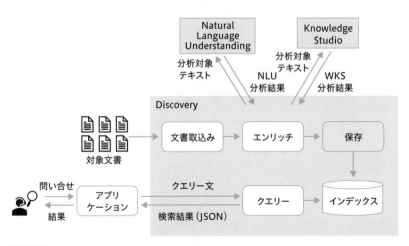

図4.4.1 Discovery のイメージ

出典 「IBM Watson Discovery - Japan」を基に作成
URL https://www.ibm.com/watson/jp-ja/developercloud/discovery.html

## ● Discoveryのよいところ

Discoveryのよいところを簡単にまとめておきましょう。

- 様々な種類の文書を、種類の違いを気にせず扱うことができる
- 機械学習を用いたNLUが自動的に抽出した情報で、高度な検索や分析ができる
- 話し言葉、自然文を使った検索ができる
- 使いやすいUIツールが準備されており、機械学習を用いたフィールド定義が行える
- 多言語対応されている（本書執筆時点（2019年11月）で、日本語を含め11言語）

## ● Discoveryのアーキテクチャ

Discoveryに情報を取込み、結果を得るまでの一連の処理を見ていきましょう（ 図4.4.2 ）。

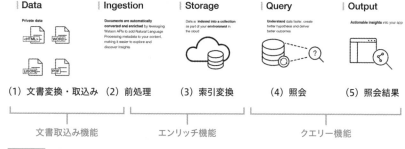

図4.4.2 Discoveryのアーキテクチャ

### ● Discovery製品情報 | IBM Cloud Docs

URL https://console.bluemix.net/docs/services/discovery/index.html#-

Discoveryのアーキテクチャは、次の5つの段階に分けられます。

Data ：取込み対象の文書は、9種類の形式をサポートしている。

Ingestion：文書取込み、文書へのメタデータ付与、インデックス作成前の正規化を行う。

Storage ：コレクション内に検索、分析用のインデックスを作成する。

Query ：情報の検索、分析結果の取得を行う。

Output ：得られた洞察を活用する。

それぞれの機能の詳細については、次項以降で説明していきます。

## ● Discoveryを使う方法

Discoveryの利用方法としては、UIツール（Webブラウザ上で動くツール）から利用する方法と、プログラムからAPIを通して利用する方法の2つがあります（図4.4.3）。

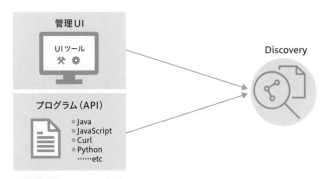

**図4.4.3** Discoveryへのアクセスイメージ

## 4.4.2 文書取込み

Discoveryを使うための最初のステップは、文書取込みです。

文書の取込み方法、Discoveryで扱えるデータ形式、文書を取込むための構成とSDU（Smart Document Understanding）について解説します。

## ● 文書の取込み方法

文書の取込み方法にはUIツール、APIの2つがあります（図4.4.4）。本書では4.5節でUIツールで使う方法を、4.6節でAPI経由で利用する方法について説明をします。

## ● 1. UIツールからの取込み

UIツールからのドラッグ＆ドロップや簡単な接続設定で文書を取込むことができます。データ・ソースを指定する場合、1コレクションにつき1つのデータ・ソースの指定が可能です。

## ● 2. APIからの取込み

　API経由で文書を取込むことも可能です。UIツールからでは設定できないきめ細かいファイルの取込み設定や、データ・ソースとの接続設定を行うことができます。APIからは、1コレクションにつき複数の異なるデータ・ソースを指定することもできます。Discoveryを使った検索システムを構築・運用する場合は、APIを使って文書の追加・更新・削除といった細かいメンテナンスを行うことが多いでしょう。UIツールとAPIのどちらからも、ファイルを指定した文書の取込み、データ・ソースを接続した文書の取込み、が行えます。

### ファイルを指定して文書取込み

　UIツールに特定のファイルをドラッグ＆ドロップして文書の取込みを行います。扱えるデータ形式については、後述します。

### データ・ソースとの接続を設定して文書取込み

　UI上からの簡単な接続情報の設定で、Discoveryがデータ・ソースをクロールして文書の取込みを行います。

　指定できるデータ・ソースは次の通りです。

- Salesforce
- SharePoint 2016
- SharePoint Online
- Box
- IBM Cloud Object Storage
- Web

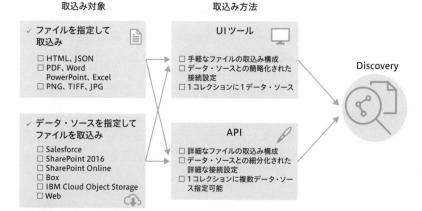

**取込み対象**

✓ **ファイルを指定して取込み**
- ☐ HTML、JSON
- ☐ PDF、Word
  PowerPoint、Excel
- ☐ PNG、TIFF、JPG

✓ **データ・ソースを指定してファイルを取込み**
- ☐ Salesforce
- ☐ SharePoint 2016
- ☐ SharePoint Online
- ☐ Box
- ☐ IBM Cloud Object Storage
- ☐ Web

**取込み方法**

**UIツール**
- ☐ 手軽なファイルの取込み構成
- ☐ データ・ソースとの簡略化された接続設定
- ☐ 1コレクションに1データ・ソース

**API**
- ☐ 詳細なファイルの取込み構成
- ☐ データ・ソースとの細分化された詳細な接続設定
- ☐ 1コレクションに複数データ・ソース指定可能

**Discovery**

**図4.4.4** 取込み対象と取込み方法

## ● 文書を取込むための構成

文書を取込むための構成の変更はUIツールまたはAPIから行います（**図4.4.5**）。デフォルト構成（あらかじめどのような取込みを行うか）が定義されているため、必要な場合のみUIツールやAPIを利用して変更したカスタム構成の作成を行います。

### フィールド定義

文書にどのようなフィールドがあるかを定義します。HTMLの場合はAPIから、PDFやWordなどHTML以外のファイルはSDU（Smart Document Understanding）を利用して定義します（JSONの場合はデータが構造化されているため、定義不要です）。

### フィールド管理

文書に含まれるフィールドをDiscoveryに取込むか、対象のフィールド単位で分割して取込むかの管理を行います。UIツール、APIの両方から設定が可能です。

### エンリッチ設定

どのフィールドにどのようなエンリッチを行うかを設定します。UIツール、APIの両方から設定が可能です。SDUを利用している場合、textフィールドのみ設定が可能です。

## ● 扱えるデータ形式

Discoveryに取込めるドキュメントの種類はHTML、JSON、PDFやWordなど9種類があります（ 図4.4.4 ）。取込み設定の対象や方法は、データ形式によって異なります。

### HTML、JSON

フィールド定義では、HTMLタグをどのように取込むかを定義します。XPathでの指定も可能です。フィールド定義はAPIからのみ行えます。フィールド管理、エンリッチ設定はUIツール、APIのどちらからも行えます。

### PDF、Word、Excel、PowerPoint

UIツールでSDUを使ったフィールド定義が行えます。フィールド管理、エンリッチ設定はUIツール、APIのどちらからも行えます。

### PNG、TIFF、JPG

ライト・アカウントでは利用できないデータ形式です。画像ファイルに含まれる文字を抽出します。UIツールでSDUを使ったフィールド定義が行えます。
フィールド管理、エンリッチ設定はUIツール、APIのどちらからも行えます。

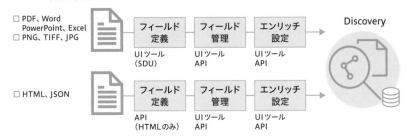

図4.4.5 取込み設定の方法

## ● SDU（Smart Document Understanding）

SDUとは、4.3節で紹介したKnowledge Studioの簡易版のようなものです（ 図4.4.6 ）。Discoveryをトレーニングして、文書から機械学習を用いてカスタム・フィールドを抽出するための新機能です。具体的な使い方は、4.5節で解説します。

**図4.4.6** SDUによるフィールド定義イメージ

### 4.4.3　エンリッチ

　Discoveryの最大の特徴とも言えるのがエンリッチ機能です（**図4.4.7**）。エンリッチ機能とは、Discoveryに文書を登録する際に、文章中から様々な情報を抽出してメタ情報として付与する機能です。文書内の文章に対する検索だけではなく、このメタ情報も含めて検索を行えるところが、Discoveryの優れた特徴となっています。

　情報の抽出方法は、大きく2つに分けられます。1つはNLUと連携するもので、もう1つはKnowledge Studioと連携するものです。

#### ● NLUと連携する標準のエンリッチ機能

　あらかじめ学習させたモデルを使って、文書から情報を抽出します。ユーザーは何も学習させる必要はありません。

#### ● Knowledge Studioと連携するカスタムエンリッチ機能

　Knowledge Studioで作った機械学習モデルや定義したルールを使って、文書から情報を抽出します。NLU連携では対応できない業界や企業特有の単語や言い回しを、Knowledge Studioでカスタム学習させて抽出可能にしています。Knowledge Studio連携では、エンティティの抽出（Entity Extraction）、関係の抽出（Relation Extraction）を行うことができます。

**図4.4.7** エンリッチ機能の概要

　エンリッチ機能によって、人名、場所といったエンティティ、重要なキーワード、文書が属するカテゴリなど様々な情報を検索対象にすることができるのです。Discoveryのエンリッチ機能で抽出できる情報については、すでに**4.4.2**節で解説していますので、そちらを参照してください。

- エンティティ抽出機能（Entity Extraction）
- 関係抽出機能（Relation Extraction）
- 評判分析機能（Sentiment Analysis）
- キーワード抽出機能（Keyword Extraction）
- 概念分析機能（Concept Tagging）
- カテゴリ分類機能（Category Classification）
- 意味役割抽出機能（Semantic Roles Extraction）
- 感情分析機能（Emotion Analysis）
- 要素分類機能（Element Classification）

## 4.4.4　Query（問い合わせ）

　クエリー機能は、Discoveryに取込まれた文書、エンリッチされた情報を検索・分析する機能です。複雑な情報検索にも柔軟に対応できる検索パラメータが提供されており、検索結果をどのように返すか（対象のフィールド、取得件数の上限、ソートなど）を構造パラメータで決定することができます。また、SQLを

使った検索のように件数のカウント、値の集計を行うための集約関数が準備されています。

## ● 検索パラメータ

Discoveryを検索するときには、4種類の検索パラメータ「query」「filter」「natural_language_query」「aggregation」を使うことができます（ 表4.4.1 ）。

表4.4.1 4種類の検索パラメータ

| 検索パラメータ | 説明 |
|---|---|
| query | 条件に一致する文書を、関連性の高い順に返す。検索にはDQLを利用する<br>例）query=enriched_text.concepts.text:cloud computing |
| filter | 文書の絞り込みを行う。関連性でのソートはしない。<br>結果をキャッシュすることができる。検索にはDQLを利用する<br>例）filter=enriched_text.concepts.text:cloud computing |
| natural_language_query | 条件に一致する文書を、関連性の高い順に返す。検索を自然言語で行うことができ、この検索条件に対して結果のトレーニング（関連性学習）を行うことが可能。検索には自然言語を利用する<br>例）natural_language_query=クラウドコンピューティング |
| aggregation | 条件に一致する情報を集計・集約して取得する。特定フィールドの合計値や、対象の文書数が取得できる。queryやfilterと組み合わせて使用する。検索にはDQLを利用する<br>例）aggregation=term(enriched_text.entities.type,count:10) |

**MEMO**

### DQL

DQL（Discovery Query Language）とは、Discovery独自の検索言語です。

## ● 構造パラメータ

構造パラメータとは、検索パラメータに一致する結果文書セットをどのように返却するかを設定するパラメータです（ 表4.4.2 ）。詳細については次のURLのページを参照してください。

● **照会リファレンス** | **IBM Cloud Docs**
URL  https://console.bluemix.net/docs/services/discovery/query-reference.html

**表4.4.2** 構造パラメータ

| 構造パラメータ | 説明 | 例 |
|---|---|---|
| count | 返す result 文書の数。デフォルト値は10。count値と offset値を合わせた場合の最大値は10000 | count=15 |
| offset | 結果セットから result 文書を返す前に無視する結果の数。デフォルトは0。count値と offset値を合わせた場合の最大値は10000 | offset=100 |
| return | 返すフィールドのリスト | return=title,url |
| sort | 結果セットのソート基準となるフィールド。昇順がデフォルトのソート方向※ | sort=enriched_text. sentiment.document. score |
| passages.fields | パッセージの抽出元のフィールド。指定がない場合、最上位フィールドを抽出元にする | passages=true&passages. fields=text,abstract, conclusion |
| passages.count | 返すパッセージの最大数。デフォルトは10、最大値は100 | passages=true&passages. count=6 |
| passages.characters | 返すパッセージの概算文字数。デフォルトは400、最小値は50、最大値は2000 | passages=true&passages. characters=144 |
| highlight | 照会の一致を強調表示するブール値 | highlight=true |
| deduplicate | Watson Discovery News の返された結果を重複除外する | deduplicate=true |
| deduplicate.field | フィールドに基づいて、返された結果を重複除外する | deduplicate.field=title |
| collection_ids | 環境内の複数のコレクションを照会する※ | collection_ids={1},{2},{3} |

※ sort、collection_ids パラメータは管理UIツールからは利用できず、APIからのみの利用となります。

---

 **MEMO**

### パッセージ

文書内の「検索条件と関連性の高い部分」を示します。検索結果の文書が何ページにもなる膨大な文書の場合など、検索結果として求めている部分を文書内から探す手間が省けるため非常に便利です。

商用APIによるテキスト分析・検索技術

## ● 集約関数

　集約関数を使うと、上位のキーワードや、全体のセンチメントといった値を取得できます。どのような集約ができるか、 表4.4.3 に例を示します。

● 照会リファレンス│IBM Cloud Docs
　URL　https://console.bluemix.net/docs/services/discovery/query-reference.html

表4.4.3 集約関数

| 集約関数 | 説明 | 例 |
|---|---|---|
| term | 選択したエンリッチメントの上位の値を返す。countオプションで返す数を指定できる | term(enriched_text.concepts.text,count:10) |
| filter | 定義されたパターンに従って結果セットをフィルターにかける | filter(enriched_text.concepts.text:cloud computing) |
| nested | 集約を制限する | nested(enriched_text.entities) |
| histogram | 数値を使って区間セグメントを作成する。単一の数値フィールドを利用し、intervalには整数を指定する。右の例では、product.priceを100円の幅でグループ分けをする | histogram(product.price,interval:100) |
| timeslice | 日付を使って区間セグメントを作成する | timeslice(last_modified, 2day,America/New York) |
| top_hits | 上位にランク付けされている結果文書を返す。どの検索パラメータ、集約関数にでも使える | term(enriched_text.concepts.text).top_hits(10) |
| unique_count | 集約内のフィールドの固有値の数を返す | unique_count(enriched_text.entities.type) |
| max | 結果セット内の指定された数値項目の最大値を返す | max(product.price) |
| min | 結果セット内の指定された数値項目の最小値を返す | min(product.price) |
| average | 結果セット内の指定された数値項目の平均値を返す | average(product.price) |
| sum | 結果セット内の指定された数値項目の合計値を返す | sum(product.price) |

## ● クエリー機能の使用例

　検索パラメータ、集約関数を組み合わせて、実際にDiscovery News日本語版を検索し、検索結果を見てみましょう（**4.5節**「Discoveryを使う」のあとに実行してみてください）。

　まず、Discovery News日本語版から、「positive」と分析されたカテゴリトップ10を検索します（**図4.4.8**）。

例1）　センチメントが"positive"なニュース記事の カテゴリの上位10件
　　　　　　(1)　　　　　　　　　　　　　　　　　　　　　　　(2)

(1) filter：センチメントラベルが"positiveと完全一致"

```
filter=enriched_text.sentiment.document.label::"positive"
```

(2) aggregation：カテゴリラベルの値、上位10件

```
aggregation=term (enriched_text.categories.label,count:10)
```

Discovery Newクエリー結果

**Aggregations**

term(enriched_text.categories.label)

- **/food and drink** (7,734)
- **/business and industrial/energy/renewable energy/wind energy** (7,272)
- **/travel/tourist destinations/japan** (6,757)
- **/family and parenting/children** (6,320)
- **/business and industrial** (5,734)
- **/art and entertainment/movies and tv/movies** (5,419)
- **/science/weather** (5,046)
- **/food and drink/desserts and baking** (4,421)
- **/art and entertainment/humor** (4,046)
- **/art and entertainment/visual art and design/design** (3,715)

**図4.4.8** クエリー機能の使用例1

　次に、センチメントが「positive」な記事内でカテゴリ最上位の「/food and drink」ではどのような場所「location」が取り上げられているのかを検索してみましょう（**図4.4.9**）。

例2） センチメントが"positive"かつカテゴリが" /food and drink"な記事に
出てくる地名にはどのようなものがあるか?

(1)
(2)
(3)

(1) filter：センチメントラベルが"positiveと完全一致"

```
filter=enriched_text.sentiment.document.label::"positive"
```

(2) query：カテゴリラベルの値が" /food and drink"を含む

```
query=enriched_text.categories.label:"/food and drink"
```

(3) aggregation：エンティティタイプが"Location"のテキスト上位20件

```
aggregation=
nested (enriched_text.entities) .filter (enriched_text.entities.type::"Location") .
term (enriched_text.entities.text,count:20)
```

Discovery New クエリー結果

### Aggregations

term(enriched_text.entities.text)

- 日本 (863)
- 東京 (322)
- 米 (308)
- 東京都 (235)
- 北海道 (221)
- アメリカ (179)
- フランス (138)
- イタリア (132)
- 京都 (123)
- 大阪 (119)
- 韓国 (110)
- 沖縄 (90)
- 都内 (90)
- 世界 (88)
- タイ (80)
- 台湾 (77)
- 銀座 (77)
- ハワイ (70)
- パリ (65)
- アジア (62)

### Results

Showing 10 of 18583 matching documents

> 超時短☆おつまみ冷奴♪ by ばたみそーばん☆ 【クックパッ
ド】 簡単おいしいみんなのレシピが296万品

> 【カルビー】「ポテトチップス麻辣味」麻辣が利いてピリピ
リ! 【感想】

> お腹が空くとイライラする…。HSPが空腹で悩まないために
意識すべきこと - 静かな暮らし

> 秋と言えば? | 麗タレントプロモーション☆情報ブログ☆

> ローストビーフからアイスケーキまで!グランドプリンスホ
テル新高輪の高級ビュッフェ♡

> BMペプチド5000 口コミ 全62件まとめ【いまなら44%オフ
♪】| じゅんこ@43さんのブログ

> かっぱ寿司が2500円で60分食べ放題やってるけどねデブしか
得しねーだろこれwww

> 食べる前に知っておきたい【パパイヤ】の保存

> お金遣いすぎた〜!!節約晩御飯だ!!② | 庶民派グルメ・最
新情報!!

> 香りとコクで食欲増進♡ごま油×豆腐の簡単レシピ

図4.4.9 クエリー機能の使用例2

国内では東京、北海道、京都、大阪が、海外ではフランス、韓国、アメリカといった国や都市が取り上げられているようです。

## ◆ 4.4.5　ランキング学習

　Discoveryでは自然言語を使った検索の結果、より適切な回答が上位になるよう学習させる機能「ランキング学習」[5]があります。

　3.4節では、検索結果のスコアリングについて学びました。ランキング学習では、検索文と検索結果のセットから取得できる特徴量を機械学習し、検索結果をより適切な順序に並び替えます。ランキング学習を行うことで、検索対象となる文書が増えても、よりユーザーが必要とする結果を返すことができるようになります。

　4.7節で、Discoveryによるランキング学習の解説と演習を行います。

---

[5]　IBM社のドキュメントの中では関連度学習という表現を使っていますが、本書ではより一般的に使われれているランキング学習という用語を利用します。

A1

A2

A3

商用APIによるテキスト分析・検索技術

04

# 4.5 Discoveryを使う

4.4節ではDiscoveryの概要を説明しました。本節では、DiscoveryのUIツールを使って文書の取込みから検索までを行います。

Discoveryを使うには、まず他のWatsonの機能と同じようにDiscoveryのサービスインスタンスを作成して、情報を蓄積するための環境を準備する必要があります。

## ● Discoveryの環境イメージ

Discoveryインスタンスの中に、1つの環境（Environment）というプライベート・データ・コレクション用のストレージ領域があり、複数のコレクションを持つことができます（ 図4.5.1 ）。

**MEMO**

**プライベート・データ・コレクション**

プライベート・データ・コレクションは、ユーザー独自の文書やデータを格納するためのコレクションで、文書の追加や削除、追加する際のエンリッチ設定を自由に行えます。インスタンス作成直後Watson Discovery Newsという、ユーザーがすでに使える状態になっているコレクションが1つ存在していますが、こちらは照会のみが可能な公開されたコレクションで、プライベート・データ・コレクションではありません。

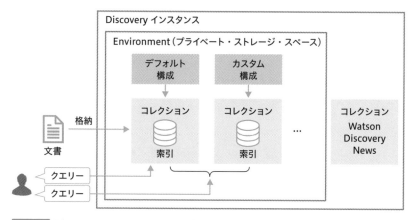

Discovery インスタンス

Environment（プライベート・ストレージ・スペース）

| デフォルト構成 | カスタム構成 |
| --- | --- |

コレクション　　コレクション　　…　　コレクション

索引　　索引

Watson Discovery News

文書　格納　クエリー　クエリー

図4.5.1 Discoveryのインスタンス、環境、コレクションのイメージ

　コンテンツをアップロードするには、少なくとも1つのコレクションを作成する必要があります。インスタンス内の環境の大きさ、コレクションの数などは利用プラン（Lite、Advanced、Premium）によって異なります。ライト・アカウントの場合は、以下のようになります（2019年11月時点）。

- ●200MBのストレージ
- ●コレクションは2つまで作成可能
- ●文書は1000件まで登録可能
- ●月に200件の文書照会

　インスタンスを作成すると、「Watson Discovery News」というコレクションが組み込まれますが、環境内のストレージ、コレクション数の制限には含まれません。

 **MEMO**

## Watson Discovery News

Watson Discovery Newsは、事前にエンリッチされたコレクションです。クロール日付や公開日付も保持していて、過去60日間のニュース・データを検索できます。Watson Discovery Newsは、日々最新化されていて、英語版では約30万、日本語版では毎日約1万7千の新しい記事が更新されています。このコレクションは、アプリケーションに組み込むことも可能です。なお、検索時には、API利用料が必要になります。

　本節の演習では、環境省のWebサイトから取得した「カルルス温泉国民保養温泉地計画書_hoyo_060.pdf」を使って文書の取込み構成の設定を行います。文書取込みでは「ながぬま温泉国民保養温泉地計画書_hoyo_002.pdf」「鹿沢温泉国民保養温泉地計画書_hoyo_022.pdf」「八幡平温泉郷国民保養温泉地計画書_hoyo_005.pdf」の3つの文書を追加します。演習で使用するファイルの取得先は、本書のダウンロードファイルの「利用ファイル一覧.xlsx」に記載しています。

## 4.5.1　環境（Environment）の作成

　それでは、実際に環境を作ってみましょう。Discoveryのサービス詳細画面から「Watson Discoveryの起動」をクリックして、UIツールを起動します（ 図4.5.2 ）。

図4.5.2 UIツールの起動

　UIツールを起動すると、「Watson Discovery News」コレクションだけが存在している状態です（ 図4.5.3 ）。UIツールから右上の設定ボタン（「Enviroment details」）をクリックし、続けて「Create environment」をクリックします（ 図4.5.3 （1）（2））。
　プライベートデータ用のストレージをセットアップするかどうか確認されるので「Set up with current plan」をクリックして「Continue」をクリックします（ 図4.5.3 （3）（4））。

**図4.5.3** Environmentの作成

これで環境（Environment）が作成され、Discoveryを利用するための環境が準備できました。UIツールの右上の設定ボタンをクリックすると（図4.5.4（1）），このサービスインスタンスで使えるストレージ容量を確認できます（2）。

（1）クリック

図4.5.4 Environmentの確認

## 4.5.2 コレクションの作成

環境の中に、コンテンツや文書、関連する情報を格納するためのコレクションを作成します。

UIツールから「Upload your own data」（図4.5.5（1））をクリックすると、「Name your new collection」画面が表示されますので、「Collection name」に任意のコレクション名を入力します。ここでは「Sample」と入力しました（2）。「Select the language of your documents」では、「Japanese」を選択してください（3）。「Create」をクリックすると（4）、作成されたコレクションの「Overview」タブが表示されます（5）。

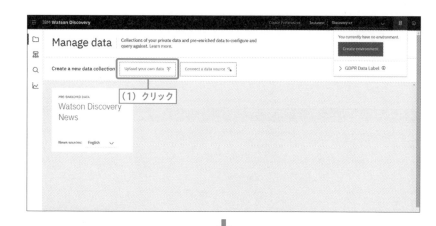

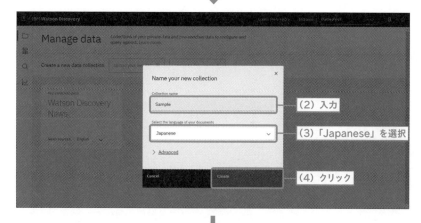

図4.5.5 コレクションの作成

### 🔷 4.5.3 管理画面

コレクションを作成すると、コレクションの管理画面が表示されます（ 図4.5.6 ）。
この画面は複数の文書を取込んだ後の画面イメージで、文書が取込まれていない
場合は 図4.5.5 の画面になります。

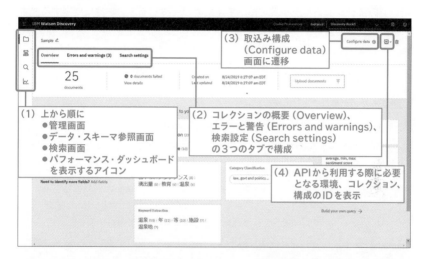

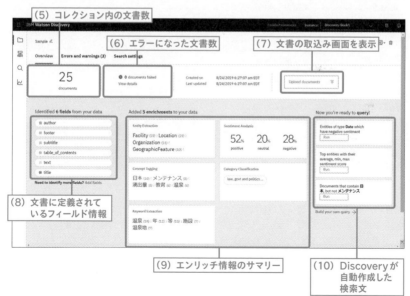

図4.5.6 コレクションの管理画面

## 4.5.4　SDUによるフィールド定義

　本項では、SDU（Smart Document Understanding）を使ったフィール
ド定義について説明します。SDUとは、4.3節で紹介したKnowledge Studioの
簡易版のようなものです。Discoveryをトレーニングして、文書から機械学習を
用いてカスタム・フィールドを抽出するための新機能です。学習に使用する文書
と自動取込みを行う文書は、レイアウトなど様式が同じである必要があります。
また、1つのコレクションで、複数の様式の学習が行えます。

　ライト・アカウントで使用可能なフィールドは **表4.5.1** の通りです。

**表4.5.1** 使用可能なフィールド

| フィールド | 定義 |
|---|---|
| answer | Q/AペアやFAQにおける、質問に対する答え |
| author | 作成者の名前 |
| footer | ページの下部に表示される、文書に関するメタ情報（ページ番号や参照など） |
| header | ページの上部に表示される、文書に関するメタ情報 |
| question | Q/AペアやFAQにおける、質問 |
| subtitle | 文書の2次的なタイトル |
| table-of-contents | 文書の目次 |
| text | 標準のテキストに使用。タイトル、作成者など他のフィールドに含まれない単語のセット |
| title | 文書のメイン・タイトル |

出典　IBM Cloud資料：Discoveryより引用
URL　https://cloud.ibm.com/docs/services/discovery/sdu.html#sdu

 **MEMO**

フィールドの設定

ライト・アカウントでは決められたフィールドだけ設定できますが、プランをアップグ
レードするとカスタム・フィールドとして独自のフィールド作成が行えます。また、ド
キュメント内の画像ファイル（PNG、TIFF、JPEG）に含まれているテキストの抽出
も行えるようになります。

SDU機能による取込み構成設定用画面を表示するためには最低1文書を取込むことが必要です。最初に設定を行うための文書「カルルス温泉国民保養温泉地計画書_hoyo_060.pdf」をUIツールにドラッグ＆ドロップして取込みます（ 図4.5.7 （1））。

30秒ほどで文書が取込まれ、画面の「Overview」タブ（2）が更新されます。文書数が1になったら、管理画面の右上にある「Configure data」をクリックします（3）。画面が更新されない場合、再度ページを読み込みなおしてください。

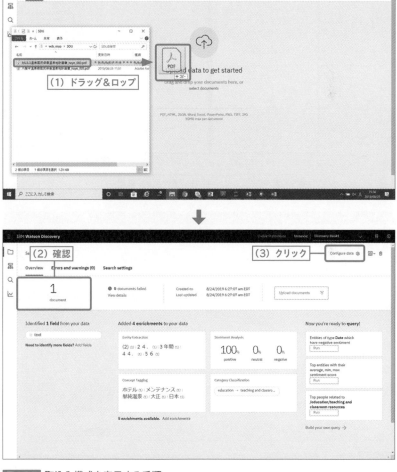

図4.5.7 取込み構成を表示する手順

取込み構成を設定するConfigure data画面に遷移し、SDUエディター（SDUによるフィールド定義を行うための画面）が表示されます（図4.5.8）。

　SDUエディターには、登録済み文書の中から20文書が設定対象の文書としてセットされます。一度にすべての文書を取込む前に、設定対象として使いたい文書を先に取込み、フィールドの定義を行いましょう（図4.5.8（1））。

図4.5.8　SDUエディター画面

中央部分の左側に文書内のページが（2）、右側にはフィールド定義用のページが表示されており（3）、上部の文書アイコンでフィールド定義用ページのみに切り替えられます（4）。一番右側には、フィールドが表示されています（5）。Knowledge Studioのアノテーション画面に似た作りになっています。

1文書目の取込み直後は、textとimageだけがフィールドとして定義された状態です（6）。

 **MEMO**

取込み可能なファイル形式

ライト・アカウントで取込み可能なファイル形式は「PDF、HTML、JSON、Word、Excel、PowerPoint」ですが、SDUエディターでは「HTML、JSON」に対する設定が行えません。「HTML、JSON」へフィールド定義を行う場合は、APIを利用して行いましょう。

次に、「カルルス温泉 国民保養温泉地計画書.pdf」の1ページ目にtitle（タイトル）、author（作成者）フィールドを定義しましょう。

操作は非常に簡単で、右側のフィールドラベルを選択し（ 図4.5.9 （1））、ページ内の対象箇所を選択するだけです（2）。Knowledge Studioでのアノテーション作業では単語を選択してからエンティティタイプを選択しましたが、SDUでは先にフィールドラベルを選択します。順番を間違えないように気を付けてください。1ページ分の設定が完了したら、右下の「Submit page」をクリックして（3）、Discoveryに情報を送ります。

図4.5.9 フィールドの定義

## ● フィールドの設定作業

2ページ目は空白のためそのまま「Submit page」をクリックします。

3ページ目にtable_of_contents（目次）を、4、5ページ目にsubtitle（サブタイトル）、text（テキスト）、footer（フッタ）をセットします。

具体的な定義を 図4.5.10 に示しました。

1ページ目

3ページ目

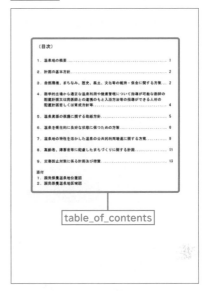

4ページ目

5ページ目

図4.5.10 実際の文書にフィールド定義を示した図

4ページ目をSDUエディターで定義したものは、図4.5.11 のようになります。

図4.5.11 SDUエディターで4ページ目を定義した図

6ページ目以降は、下部のページ数にfooter（フッタ）を、表4.5.2 の文章にsubtitle（サブタイトル）を定義し、それ以外にはtext（テキスト）を定義します。

表4.5.2 6ページ目以降でsubtitle（サブタイトル）に定義する文章

| ページ数 | subtitle（サブタイトル）に定義する文章 |
|---|---|
| 7ページ目 | 4. 医学的立場から適正な温泉利用や健康管理について指導が可能な医師等の配置計画 |
| 8ページ目 | 5. 温泉資源の保護に関する取組方針 |
| 9ページ目 | 6. 温泉を衛生的に良好な状態に保つための方策 |
| 11ページ目 | 7. 温泉地の特性を活かした温泉の公共的利用増進に関する方策 |
| 14ページ目 | 8. 高齢者、障がい者等に配慮したまちづくりに関する計画 |
| 16ページ目 | 9. 災害防止対策に係る計画及び措置 |

すべてのページにフィールド定義が完了したら（図4.5.12 （1））、右上の「Apply changes to collection」をクリックします （2）。「Upload documents」画面が表示されるので、「カルルス温泉国民保養温泉地計画書_hoyo_060.pdf」を再アップロードします （3）。自動的に管理画面（Overview）に遷移しますので、しばらく時間をおいて管理画面を再読み込みすると、textだけだったフィールドに、定義したフィールドが追加されていることがわかります （4）。

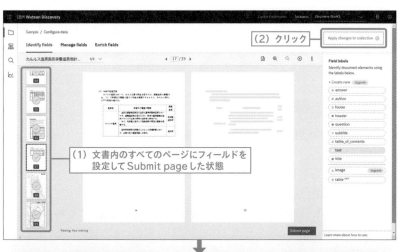

(2) クリック

(1) 文書内のすべてのページにフィールドを
設定して Submit page した状態

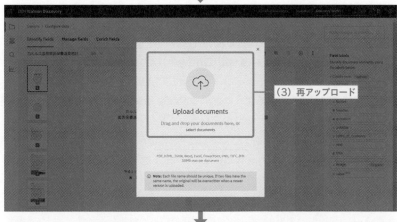

(3) 再アップロード

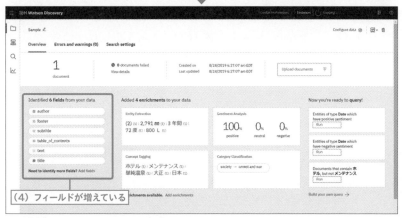

(4) フィールドが増えている

図4.5.12 フィールド定義の反映結果を確認

## 🎲 4.5.5　フィールドの詳細定義 （フィールド管理、エンリッチの設定）

次にフィールド管理とエンリッチの設定を行います。

### ● フィールドの管理

フィールドの管理画面では、次の２つを設定します。

#### 対象のフィールドを、検索対象として取込むか （Identify fields to index）

例えば、「footer」フィールドがどの文書でも共通しているような場合、検索対象としては不要と考えられるため「On」から「Off」に切り替え、取込まないように設定します。

#### 対象のフィールド単位で分割して取込むか （Improve query results by splitting your documents）

1文書内に複数対象フィールドがあり、そこで分割して複数文書として取込んだほうが検索精度が向上するようなケースで設定します。文書は対象フィールドが出現するたびに分割され、複数の文書として扱われます。

この演習では、「footer」フィールドにはページ数しか含まれないため、検索対象として取込まないようIdentify fields to indexを「Off」に設定します。また、1つの文書に複数の「subtitle」フィールドがあるため、「subtitle」フィールドで文書を分割して取込むよう設定します。

まず「Configure data」画面の「Manage fields」タブをクリックします（ 図4.5.13 （1））。「Manage fields」タブの左側の「footer」フィールドを「Off」にします（2）。「Manage fields」タブの右側の「Split document」をクリックし（3）、「subtitle」フィールドを選択します（4）。すると（5）のようになります。

商用APIによるテキスト分析・検索技術

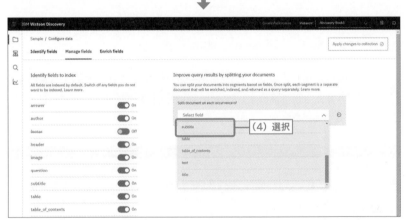

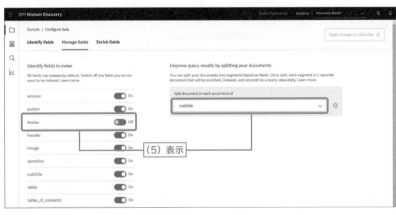

図4.5.13 フィールドの管理（「Manage fields」タブ）

## ● エンリッチの設定

エンリッチの設定画面では、対象のフィールドにどのような情報の抽出を行うかを設定します。何も特別な設定をしない場合は「text」フィールドに対して、

- エンティティ抽出機能（Entity Extraction）
- 評判分析機能（Sentiment Analysis）
- 概念分析機能（Concept Tagging）
- カテゴリ分類機能（Category Classification）

の4つの機能が有効になっています。

ここは、さらに下記の2つを追加します。

- 関係抽出機能（Relation Extraction）
- キーワード抽出機能（Keyword Extraction）

「Configure data」画面の「Enrich fields」タブをクリックして（図4.5.14 (1)）、表示された画面下部の「Add enrichments」をクリックし（2）、エンリッチメントの追加画面を表示します。

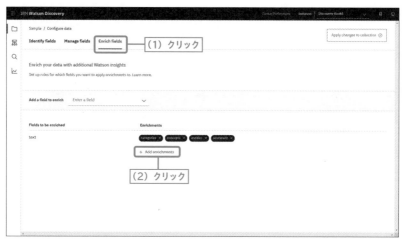

図4.5.14 エンリッチの設定（「Enrich fields」タブ）

キーワード抽出機能（Keyword Extraction）の「Add」（図4.5.15 (1)）、関係抽出機能（Relation Extraction）の「Add」をクリックし（2）、画面を閉じると、2つのエンリッチメントが追加されています（3）。

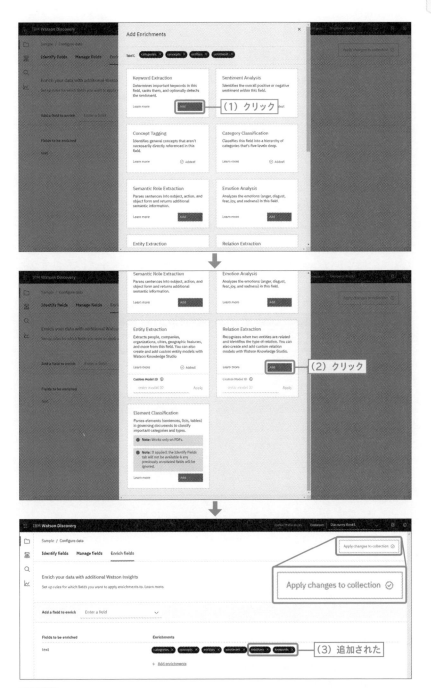

**図4.5.15** エンリッチメントの追加（「Add Enrichments」画面）と追加結果の確認

**MEMO**

### Knowledge Studio連携エンリッチメントの設定

エンティティ抽出（Entity Extraction）、関係抽出（Relation Extraction）には、Knowledge Studioのカスタムモデルが設定できます。Knowledge Studioから取得したCustom Model IDを入力し、「Apply」をクリックするだけで設定が行えます。

最後に、Manage fields（フィールドの管理）、Enrich fields（フィールドのエンリッチ）で設定した内容をコレクションに反映させるために画面右上の「Apply changes to collection」をクリックし（図4.5.15）、文書「カルルス温泉国民保養温泉地計画書_hoyo_060.pdf」をアップロードして設定を適用します。この手順は4.5.4項で行ったものと同様です。管理画面の「Overview」タブを見ると、文書が8つに分割され、エンリッチ項目が増えていることがわかります（図4.5.16）。

図4.5.16 取込み構成変更結果の確認

これで構成の設定は完了です。文書を取込む準備が整いました。

## 4.5.6 文書の取込み

UIツールの管理画面の概要（Overview）タブから文書の取込みを行います。取込み手順は4.5.4項で行ったものと同様です。

　ここでは、「ながぬま温泉国民保養温泉地計画書_hoyo_002.pdf」「鹿沢温泉国民保養温泉地計画書_hoyo_022.pdf」「八幡平温泉郷国民保養温泉地計画書_hoyo_005.pdf」の3つの文書を取込みます。取込み後の「Overview」タブを確認すると（図4.5.17）、文書数が8から25に増えていることから追加した3文書も「subtitle」で分割されていることがわかります。なお、文書数はDiscoveryが「subtitle」フィールドとみなした部分で分割されるため、必ずしも25文書になるとは限りません。

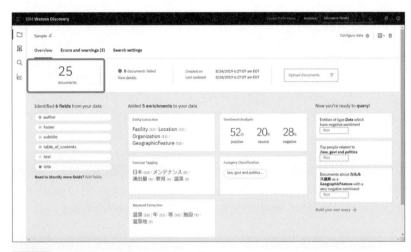

図4.5.17　文書取込み後の「Overview」タブ

　「Errors and warnings」タブを確認すると（図4.5.18）、「The Source_field …」（除外対象となるfooterフィールドが見つからない）という警告が出ています。これば分割後の文書の中に、取込み対象から除外するフィールドが存在しない際に発生する警告なので、後続の処理に影響はありません。

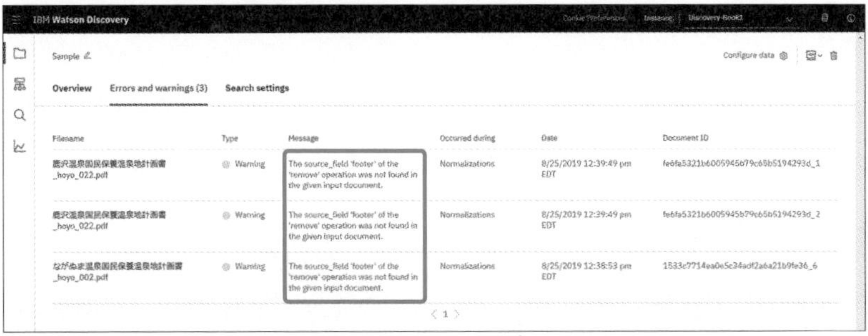

図4.5.18　文書取込み後の「Errors and warnings」タブ

筆者の環境では、title、footerは100%判別できていました。authorは3文書のうち1文書のみが判別できており、subtitleは1文書あたり9つのうち2つから3つが判別できていました。SDUで設定する文書を増やすことで、subtitleの判別精度の向上が見られました。

### 4.5.7　DQLによる検索

　ここでは、DQL（Discovery Query Language）を使った文書の検索をUIツールから行います。

　検索条件には、以下の3点を設定します。

- エンティティタイプに「Facility」と「GeographicFeature」の両方を含む
- 概念分析（Concept Tagging）結果の上位3位を集計する
- 評判分析（Sentiment Analysis）結果が「好意的（positive）」でフィルターをかける

　虫眼鏡のアイコン「Build queries」をクリックして（図4.5.19（1））、対象のコレクションを選択し（2）、「Get started」をクリックします（3）。なお、すでに対象のコレクションを参照中の場合、図4.5.19の手順は省略されます。

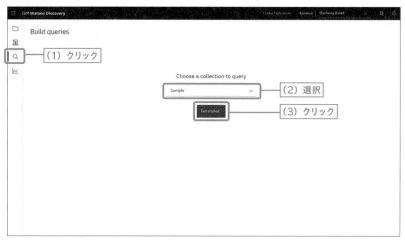

図4.5.19 検索画面の表示

　検索画面（図4.5.20）を使うと、4.4.4項「Query（問い合わせ）」で解説した検索パラメータや構造パラメータを使った検索が、簡単に組立てられます。

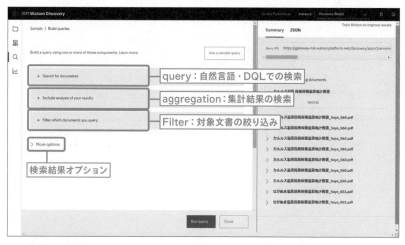

**図4.5.20** 検索画面

　「Search for documents」で「DQLでの検索」(Use the Discovery Query Language) を選択し、エンティティタイプに「Facility」と「GeographicFeature」の両方を含むように条件を設定します（**図4.5.21**）。

　Satisfy ○○ of the following rulesの「○○」の部分には「all」を設定します（1）。

　Fieldに「enriched_text.entities.type」を選択し、Operatorに「is」を設定、Valueに「Facility」を選択します。同じように「GeographicFeature」についても設定を行います（2）。

同様に、「Include analysis of your results」では、**Output**に「Top values」を選択し、**Field**に「enriched_text.concepts.text」を設定し、**Count**に「3」を設定します **(3)**。

「Filter which documents you query」 に は、**Field**に「enriched_text.sentiment.document.label」を選択し、**Operator**に「is」を設定し、**Value**に「positive」を設定し **(4)**、検索を実行します。

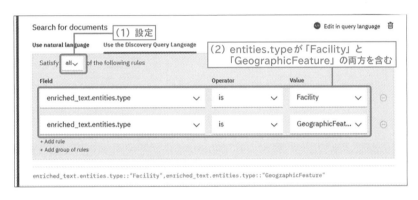

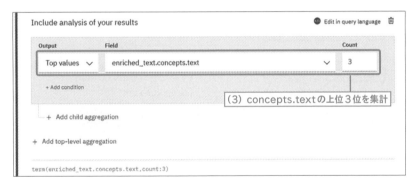

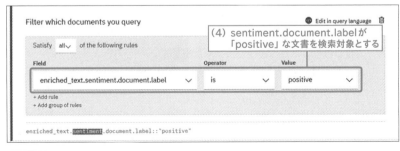

図4.5.21 検索画面

検索結果は図4.5.22のようになります。

概念分析結果の上位3件は「湧出量」「メンテナンス」「健康づくり」となりました（図4.5.22（1））。JSON形式で結果を参照すると、文書の評判分析（Sentiment Analysis）結果が「好意的（positive）」で（2）、エンティティタイプに「Facility」と「GeographicFeature」の両方を含むことがわかります（3）。

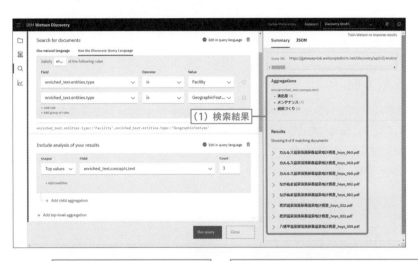

(2) sentiment.document.labelが「positive」

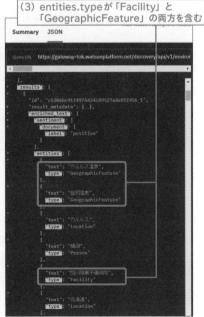

(3) entities.typeが「Facility」と「GeographicFeature」の両方を含む

図4.5.22 検索画面

## 🔲 4.5.8 同義語辞書の利用

Discoveryでは辞書を使うことで、同義語による検索を行うことができます。

辞書には一般的な同義語、よくあるスペルミスなどを定義します。例えば、「本」の同義語に「書籍」を定義した場合、Discoveryは「本」の検索条件を「本or 書籍」とみなして検索を行います。文書取込み時ではなく検索時に機能するため、同義語辞書のアップロード後に文書の再取込みは不要です。

同義語辞書には双方向と単方向の2種類があり、JSON形式で設定します。

### ● 双方向

expanded_termsに含まれる単語が検索条件の場合、同じ定義内のすべての単語を対象にした検索が行われます。 リスト4.5.1 の例では、「本」が「本 or 書籍 or 書物」で検索されます。検索条件を「書籍」とした場合も同様に「本 or 書籍 or 書物」で検索が行われます。

リスト4.5.1 同義語辞書 双方向の定義の例

```
{
    "expansions": [
        {
        "expanded_terms": [
        "本",
        "書籍",
        "書物"
            ]
        }
    ]
}
```

### ● 単方向

input_termsに含まれる単語が検索条件の場合、expanded_termsの単語を対象にした検索が行われます。 リスト4.5.2 の例では、「東北」が「東北 or 青森or 秋田 or 岩手 or 山形 or 宮城 or 福島」として検索されます。

双方向との違いとして「青森」で検索した場合に、「東北」「秋田」がヒットすることはありません。

**リスト4.5.2** 同義語辞書 単方向の定義の例

```
{
  "expansions": [
    {
     "input_terms": [
        "東北"
        ],
      "expanded_terms": [
        "東北",
        "青森",
        "秋田",
        "岩手",
        "山形",
        "宮城",
        "福島"
        ]
    }
  ]
}
```

リスト4.5.2 の内容を定義した同義語辞書「sample_expansions.json」を使っ
てこの後の演習を行います。「sample_expansions.json」は本書のダウンロード
ファイルを利用してください。

4.5.7項を参考に、「text」フィールドに「東北」が含まれる文書の検索を行う
と、結果は0件でどの文書もヒットしません（図4.5.23）。

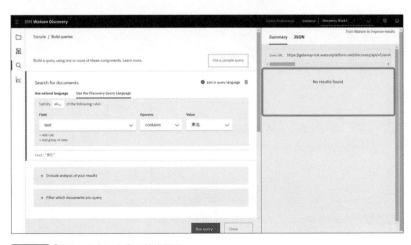

**図4.5.23** 「東北」を含む文書の検索結果

同義語辞書を設定して、再度同条件で検索を行いましょう。

管理画面の「Search settings」タブをクリックして（図4.5.24 (1)）、Synonym（同義語）の「Upload」をクリックし (2)、「sample_expansions.json」をアップロードします。

図4.5.24 同義語辞書のアップロード

先ほどと同じく、「text」フィールドに「東北」が含まれる文書の検索を行うと、結果が3件となりました（図4.5.25 (1)）。「秋田」「岩手」という単語が太字になっており、検索にヒットしたことがわかります (2)。

図4.5.25 同義語辞書を使った「東北」を含む文書の検索結果

# ⬡ 4.5.9　Knowledge Studioとの連携

最後に、**4.3節**で作成したKnowledge Studioの機械学習モデルをエンティティ抽出機能（Entity Extraction）と関係抽出機能（Relation Extraction）に対して適用してみましょう。

まず、**4.3.7項**のモデルの利用方法（NLU連携パターン）で解説した手順に従って、Discovery用に機械学習モデルのデプロイを行います。

次に、**4.5.5項**のフィールドの詳細定義（フィールド管理、エンリッチの設定）の手順に従って、エンリッチの追加画面を表示します。一度エンティティ抽出機能、関係抽出機能を削除して、画面右上の「Apply changes to collection」をクリックします。このとき、文書取込みの画面が表示されますがそのまま閉じてください。

再度エンリッチの追加画面を表示し、「Entity Extraction」（**図4.5.26**（1）（2）（3）（4））と「Relation Extraction」にKnowledge StudioでDeployしたモデルIDを設定してください。画面右上の「Apply changes to collection」をクリックします。文書取込みの画面が表示されますので、**4.5.6項**と同じ手順で、演習で取込んだ文書のうち「田沢湖高原温泉郷国民保養温泉地計画書_hoyo_008.pdf」の再取込みを行ってください。

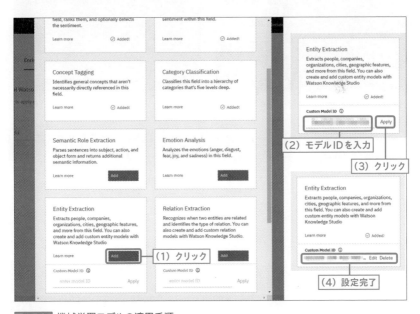

**図4.5.26** 機械学習モデルの適用手順

検索画面の「Use natural language」タブで「田沢湖高原」と入力して検索した結果を確認します。

「ONSEN」として「乳頭温泉」「田沢湖高原温泉」が、「Sensitsu」として「単純硫黄泉」が抽出されています。また、「乳頭温泉」と「単純硫黄泉」が「has Attribute」の関係性を持つことも抽出されています（図4.5.27）。

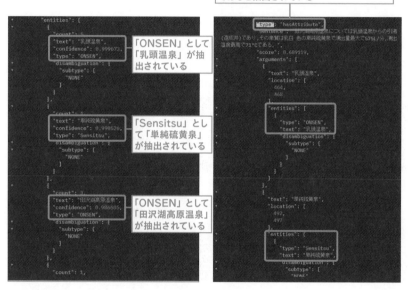

エンティティタイプ「Sensitsu」の「単純硫黄泉」とエンティティタイプ「ONSEN」の「乳頭温泉」が「hasAttribute」の関係性であると抽出されている

「ONSEN」として「乳頭温泉」が抽出されている

「Sensitsu」として「単純硫黄泉」が抽出されている

「ONSEN」として「田沢湖高原温泉」が抽出されている

図4.5.27 機械学習モデルを使ったエンティティ抽出結果

このように、Knowledge StudioとDiscoveryを組み合わせることで、業界や企業内独自の用語を使った検索も行うことが可能になります。これは非常に強力な機能です。

# 4.6 API経由でDiscoveryを使う

Discoveryの特徴の1つは管理系のタスクのほとんどがUIツールでできる点です。そのため、4.5節まではすべての機能をUIツールから呼び出していましたが、同じ機能はすべてAPIからも利用可能です。本節では、APIによるDiscoveryの利用法を紹介した後、APIでしかできない利用方法についてもいくつか紹介します。

## 4.6.1 APIの初期化

PythonからAPIでDiscoveryを利用する場合、資格情報を使ってdiscoveryインスタンスを生成します。そのための手順を以下のコードで示します。

[ターミナル]

```
# Discovery API用ライブラリの導入
$ pip install ibm_watson
```

> ⚠ **ATTENTION**
>
> リスト4.6.1 の資格情報
>
> リスト4.6.1 のJupyter Notebookのコードの中の資格情報の設定に関しては、各自のibm cloudインスタンスから取得したものを利用します。
> 細かい手順は付録3を参照してください。

リスト4.6.1 のセルの version 変数には、Watson APIのリリース情報（短縮URL https://ibm.co/32PjBHC）を参考に最新のバージョン番号を設定します。本書執筆時点（2019年11月16日）では**2019-04-30**でした。

> ⚠ **ATTENTION**
>
> **資格情報が正しくない場合**
>
> 資格情報が正しくない場合も リスト4.6.1 の実行結果はエラーになりません。その場合、リスト4.6.2 のAPI呼出しの際に初めてわかることになります。多少わかりにくいので注意するようにしてください。

In

```python
# リスト 4.6.1
# 資格情報の設定 （個別に設定します）

discovery_credentials = {
  "apikey": "██████████████████████████████████ ⇒
██",
  "iam_apikey_description": "██████████████████ ⇒
████████████████████████",
  "iam_apikey_name": "██████████████████████ ⇒
█",
  "iam_role_crn": "████████████████████████ ⇒
████████",
  "iam_serviceid_crn": "██████████████████████ ⇒
████████████████████████████████████ ⇒
██████████████████████████████",
  "url": "██████████████████████████████ ⇒
██"
}

# Discovery APIの初期化

import json
import os
from ibm_watson import DiscoveryV1
from ibm_cloud_sdk_core.authenticators import ⇒
IAMAuthenticator

version = '2019-04-30'

authenticator = IAMAuthenticator(discovery_credentials⇒
['apikey'])
discovery = DiscoveryV1(
    version=version,
    authenticator=authenticator
)
discovery.set_service_url(discovery_credentials['url'])
```

## ● 各種IDの取得

Discoveryを API 経由で操作する場合、対象となるインスタンスで environment_id や collection_id を引数として指定する必要があります。これらの ID は、UI の画面から確認して Jupyter Notebook に手動で設定する方法もありますが、ここでは API を活用してこれらの値を取得する方法を紹介します（ リスト4.6.2 ）。

これから紹介する方法は、対象インスタンス内に、環境（environment）が1つのみ、プライベートのコレクションも1つのみ、その中のconfigファイルも1つのみという、最も単純な環境を前提としています。もっと複雑な環境ではそのまま利用できませんので、その点に注意してください。プライベートコレクションに関しては前節までに説明したUIツール機能で作成済みであることが前提です。

リスト4.6.2 各種IDの取得（ch04-06-01.ipynb）

In

```
# リスト 4.6.2
# environment_id、collection_id、configuration_id の取得
# すでにUIで1つのprivate collectionが作成済みであることが前提

# environment_id の取得
environments = discovery.list_environments().➡
get_result()['environments']
environment_id = environments[0]['environment_id']
if environment_id == 'system':
    environment_id = environments[1]['environment_id']
print('environment_id: ', environment_id)

# collection_id の取得
collection_id = discovery.list_collections(environment_➡
id ).get_result()['collections'][0]['collection_id']
print('collection_id: ' , collection_id)

# configuration_idの取得
configuration_id = discovery.list_configurations➡
(environment_id).get_result()['configurations'][0]➡
['configuration_id']
print('configuration_id: ', configuration_id)
```

## 4.6.2　文書のロードと削除

次にDiscoveryに対する最も基本的な操作として文書のロードと削除の例を示します。

### ● 文書のロード

文書のロードは4.5節で説明したようにUI管理画面からドラッグ＆ドロップで可能ですが、対象の文書数が多くなると、プログラム経由のほうが効率がよい場合が出てきます。大量文書のロード時に注意しないといけない点があります。Discoveryは非同期処理の形で同時並行的に複数文書の読み込みを受け付けますが、同時最大数の制約があり、これを超えるとロード時にエラーが発生します。

リスト4.6.3 で紹介するコードは、この問題にも配慮して、処理中の文書数がMAXに達した場合、処理が終わるまで待つロジックも実装しています。load_textという関数で実装していますが、この関数は以下の引数を前提としています。

**sample_data:**

入力データです。Pythonの配列となっていることを前提としています。

**key_name:**

Discoveryにアップロードするためには、項目単位でいったんファイル化されている必要があります。ファイル名をユニークにする必要があるので、入力データでユニークキーになる項目が1つあることを前提として、そのユニークキー名をkey_name引数で指定します。

リスト4.6.4 は、load_text関数を使って実際に文書のロードを実行するコードと実行結果です。

文書のロード (ch04-06-01.ipynb)

**In**

```python
# リスト 4.6.3
# 文書ロード関数
# collection_id: 対象コレクション
# sample_data: 書き込み対象テキスト (json形式の配列)
# key_name: 文書のユニークキー名称

def load_text( collection_id, sample_data, key_name):
    for item in sample_data:

        # item毎にワークのjsonファイルを作成
        print(item)
        key = item.get(key_name)
        filename = str(key) + '.json'
        f = open(filename, 'w')
        json.dump(item, f)
        f.close()

        # 書き込み可能かのチェック
        collection = discovery.get_collection➡
(environment_id, collection_id).get_result()
        proc_docs = collection['document_counts']➡
['processing']
        while True:
            if proc_docs < 20:
                break
            print('busy. waiting..')
            time.sleep(10)
            collection = discovery.get_collection➡
(environment_id, collection_id)
            proc_docs = collection['document_counts']➡
['processing']

        # jsonファイル名を引数にDiscoveryへデータロード
        with open(filename) as f:
            add_doc = discovery.add_document➡
(environment_id, collection_id, file = f)
        os.remove(filename)
```

In

```
# リスト 4.6.4
# 文書ロードサンプル

# ロードテスト用テキスト
sample_data = [
    {'app_id': 1, 'title': '最初のテキスト', 'text': ➡
'サンプルテキストその1。'},
    {'app_id': 2, 'title': '2番目のテキスト', 'text': ➡
'新幹線はやぶさが好きです。'},
    {'app_id': 3, 'title': '3番目のテキスト', 'text': ➡
'令和元年に転職しました。'},
]

# 文書ロードテスト
load_text(collection_id, sample_data, 'app_id')
```

Out

```
{'app_id': 1, 'title': '最初のテキスト', 'text': ➡
'サンプルテキストその1。'}
{'app_id': 2, 'title': '2番目のテキスト', 'text': ➡
'新幹線はやぶさが好きです。'}
{'app_id': 3, 'title': '3番目のテキスト', 'text': ➡
'令和元年に転職しました。'}
```

📋 **MEMO**

## PDF文書やWord文書のロード

APIを使った文書の読み取りでは、対象をPDF文書やWord文書にすることも可能です。

Discoveryは読み込むファイルの拡張子から、ファイルの種別を判断し、種別に応じた対応をする形になります。この方法は、SDUで文書のレイアウトを学習させた後で大量文書の読み込みをする場合に特に有効です。

実装コードも リスト4.6.3 とほとんど同じコードで対応可能ですが、1点だけ注意すべきことがあります。それは、コードの最後から4行目 with open(filename) as f: のところで、ここは必ず with open(filename, 'rb') as f: のようにバイナリモードでファイルをオープンするようにしてください。この指定がないと読み取りがうまくいかなくなります。

商用APIによるテキスト分析・検索技術

## ● 文書の削除

大変便利なDiscoveryの管理UIツール機能ですが、UIツールで対応できていない機能もいくつか存在します。その1つが投入した文書の削除です。

これから紹介する関数は、`collection_id`を引数として、該当コレクション内の文書をすべて削除する関数となっています（ リスト4.6.5 ）。

リスト4.6.5 文書削除関数 (ch04-06-01.ipynb)

In

```python
# リスト 4.6.5
# 特定のコレクションの全文書を削除する関数
# collection_id: 対象コレクション

def delete_all_docs(collection_id):

    # 文書件数取得
    collection = discovery.get_collection➡
(environment_id, collection_id).get_result()
    doc_count = collection['document_counts']➡
['available']

    results = discovery.query(environment_id, ➡
collection_id, return_fields='id', count=doc_count).➡
get_result()["results"]
    ids = [item["id"] for item in results]

    for id in ids:
        print('deleting doc: id =' + id)
        discovery.delete_document(environment_id, ➡
collection_id, id)
```

---

(!) ATTENTION

リスト4.6.6 を実行する前に

リスト4.6.6 は該当コレクションの文書を全削除する関数なので、注意して実行するようにしてください。

**In**

```
# リスト 4.6.6

# 全件削除テスト
delete_all_docs(collection_id)
```

**Out**

```
deleting doc: id =ba7a378f-aad7-4e03-b805-b0df82b9dcff
deleting doc: id =e99eb15b-9f66-4d06-ae79-0aa9608123c6
deleting doc: id =635df5f6-e7a3-47ce-8661-dd29482342c0
(…略…)
```

## 🔲 4.6.3 検索

　Discoveryのもう1つの基本的な操作は検索です。APIを通じて検索機能を実施してみましょう。

　リスト 4.6.7 で紹介する関数query_documentsは、検索文字列と、結果として返して欲しい項目のリストを引数として、検索結果を戻す関数となっています。

リスト 4.6.7 検索用関数query_documentsの定義 (ch04-06-01.ipynb)

**In**

```
# リスト 4.6.7
# 検索用関数
# collection_id: 検索対象コレクション
# query_text: 検索条件式
# return_fields: 出力項目

def query_documents(collection_id, query_text, ➡
return_fields):
    # 文書件数取得
    collection = discovery.get_collection➡
(environment_id, collection_id).get_result()
    doc_count = collection['document_counts']➡
['available']
    print('doc_count: ', doc_count)
```

```
    query_results = discovery.query(environment_id, ➡
collection_id,
        query=query_text,
        count=doc_count,
        return_fields=return_fields).get_result() ➡
[ "results"]
    return query_results
```

それでは、さっそく検索をしてみましょう。

まず、先ほど登録した3つの文書のうち、最初の文書に含まれている単語「サンプル」をキーに検索してみます。

> ⓘ **ATTENTION**
>
> **文書ロードのセルの再実行**
>
> リスト4.6.8 のセルを実行する前に、文書ロードのセル（ リスト4.6.4 ）を再実行しておく必要があります。また、文書ロードは非同期で行われるので、 リスト4.6.8 の実行まで2、3分待つようにしてください。

ちなみに、 リスト4.6.8 のコードで検索条件を示す 'text:サンプル' は「textというフィールドにサンプルという文字列が存在する」という部分一致条件を意味しています。

リスト4.6.8 「サンプル」をキーとした検索 (ch04-06-01.ipynb)

In

```
# リスト 4.6.8
#「サンプル」をキーとした検索

query_text = 'text:サンプル'
return_fields = 'app_id,title,text'
query_results = query_documents(collection_id, ➡
query_text, return_fields)

print(json.dumps(query_results, indent=2, ➡
ensure_ascii=False))
```

```
doc_count:  3
[
  {
    "id": "38d71b68-a6c8-4e80-87bb-6c88db6c2801",
    "result_metadata": {
      "confidence": 0.08408801890816446,
      "score": 1.0226655
    },
    "text": "サンプルテキストその1。",
    "enriched_text": {
      "sentiment": {
        "document": {
          "score": 0,
          "label": "neutral"
        }
      },
      "entities": [],
      "concepts": [],
      "categories": [
        {
          "score": 0.627152,
          "label": "/technology and computing/➡
software/desktop publishing"
        },
        {
          "score": 0.624509,
          "label": "/technology and computing/➡
hardware/computer components"
        },
        {
          "score": 0.624366,
          "label": "/religion and spirituality/hinduism"
        }
      ]
    },
    "app_id": 1,
    "extracted_metadata": {
      "sha1": "48d4c932f9e4c02ff466371093657612cd36bb94",
```

商用APIによるテキスト分析・検索技術

```
      "filename": "1.json",
      "file_type": "json"
    },
    "title": "最初のテキスト"
  }
]
```

うまくいきました。それでは、次に2つめの文書に含まれているはずの「はやぶさ」で同じように検索してみましょう（ リスト4.6.9 ）。

リスト4.6.9 「はやぶさ」をキーとした検索 (ch04-06-01.ipynb)

In

```
# リスト 4.6.9
# 「はやぶさ」をキーとした検索

query_text = 'text:はやぶさ'
return_fields = 'app_id,title,text'
query_results = query_documents(collection_id, ➡
query_text, return_fields)

print(json.dumps(query_results, indent=2, ➡
ensure_ascii=False))
```

Out

```
doc_count:  3
[
]
```

今度はうまく検索できませんでした。どうやら第3章で説明した形態素解析の問題と同様のことが起きていそうです。そこで、次にDiscoveryの形態素辞書登録機能を使ってみることにします。

### 🔷 4.6.4　形態素辞書の利用

これからご紹介する形態素辞書ツールは、UIの機能がなく、API経由でしか利用できない機能となります。

リスト4.6.10 を見てください。これが、形態素辞書の定義例となります。各項目

の名称は第3章で説明したJanomeの辞書と同等です。意味を知りたい場合はそちらを参照してください。

**リスト4.6.10** 形態素辞書の定義例 (ch04-06-01.ipynb)

In

```
# リスト 4.6.10
# 形態素辞書の定義例

custom_list = [
    {
        "text":"はやぶさ",
        "tokens":["はやぶさ"],
        "readings":[ "ハヤブサ"],
        "part_of_speech":"カスタム名詞"
    }
  ]
```

　辞書をPython変数として定義したら、その変数を引数として`create_tokenization_dictionary`関数を呼び出し、形態素辞書の登録を行います。

　形態素辞書登録時、辞書が有効になるまで数分程度時間がかかるので、**リスト4.6.11**の形態素辞書登録用関数は、利用可能になるまで繰り返しチェックする機能も実装しています。

**リスト4.6.11** 形態素辞書の登録用関数 (ch04-06-01.ipynb)

In

```
# リスト 4.6.11
# 形態素辞書の登録用関数

def register_tokenization_dictionary(collection_id, ➡
tokenization_rules):
```

商用APIによるテキスト分析・検索技術

```
    res = discovery.create_tokenization_dictionary(➡
environment_id, collection_id, tokenization_rules=➡
tokenization_rules)
    import time
    res = discovery.get_tokenization_dictionary_status(➡
environment_id, collection_id).get_result()
    while res['status'] == 'pending':
        time.sleep(10)
        res = discovery.get_tokenization_dictionary_➡
status(environment_id, collection_id).get_result()
        print(res)
```

リスト4.6.11 の関数の呼び出し例を リスト4.6.12 に示します。

リスト4.6.12 形態素辞書登録用関数の呼び出し例 (ch04-06-01.ipynb)

**In**

```
# リスト 4.6.12
# 形態素辞書登録用関数の呼び出し例

register_tokenization_dictionary(collection_id,  ➡
custom_list)
```

**Out**

```
{'status': 'pending', 'type': 'tokenization_dictionary'}
{'status': 'pending', 'type': 'tokenization_dictionary'}
{'status': 'pending', 'type': 'tokenization_dictionary'}
{'status': 'pending', 'type': 'tokenization_dictionary'}
{'status': 'pending', 'type': 'tokenization_dictionary'}
(…略…)
{'status': 'pending', 'type': 'tokenization_dictionary'}
{'status': 'pending', 'type': 'tokenization_dictionary'}
{'status': 'pending', 'type': 'tokenization_dictionary'}
{'status': 'pending', 'type': 'tokenization_dictionary'}
{'status': 'active', 'type': 'tokenization_dictionary'}
```

　それでは、先ほどと同じ検索をして、期待した結果が出るか確認しましょう。
　その際、1つ注意すべき点があります。形態素解析辞書がない状態で登録した
文書に対して新しく登録した辞書は有効となりません。そのため、文書に関して

は再登録を行う必要があります。

リスト4.6.13 のコードでは、今までに定義した関数を利用して、文書の全削除と再登録を行った後、検索を行う形になっています。

リスト4.6.13 「はやぶさ」で検索できることの確認 (ch04-06-01.ipynb)

In

```
# リスト 4.6.13
# 「はやぶさ」で検索できることの確認

delete_all_docs(collection_id)
load_text(collection_id, sample_data, 'app_id')

import time
time.sleep(30)

query_text = 'text:はやぶさ'
return_fields = 'app_id,title,text'
query_results = query_documents(collection_id, ➡
query_text, return_fields)

print(json.dumps(query_results, indent=2, ➡
ensure_ascii=False))
```

Out

```
deleting doc: id =8c3a8c77-0de2-43ec-9322-84794bbbf835
deleting doc: id =9efeb0eb-abb9-4744-a16c-82cf89172625
deleting doc: id =06a35420-80c1-415c-966a-7b12e59a98e1
{'app_id': 1, 'title': '最初のテキスト', 'text': ➡
'サンプルテキストその1。'}
{'app_id': 2, 'title': '2番目のテキスト', 'text': ➡
'新幹線はやぶさが好きです。'}
{'app_id': 3, 'title': '3番目のテキスト', 'text': ➡
'令和元年に転職しました。'}
doc_count:  3
[
  {
    "id": "69847699-433d-428a-a556-ab06576c3e59",
    "result_metadata": {
      "confidence": 0.08408801890816446,
```

```
          "score": 1.0226655
        },
        "text": "新幹線はやぶさが好きです。",
        "enriched_text": {
          "sentiment": {
            "document": {
              "score": 0.945075,
              "label": "positive"
            }
          },
          "entities": [],
          "concepts": [],
          "categories": [
            {
              "score": 0.781235,
              "label": "/automotive and vehicles/cars"
            },
            {
              "score": 0.656762,
              "label": "/automotive and vehicles/cars/➡
performance vehicles"
            },
            {
              "score": 0.602285,
              "label": "/automotive and vehicles/➡
road-side assistance"
            }
          ]
        },
        "app_id": 2,
        "extracted_metadata": {
          "sha1": "f9cda473cdb14dc1aba7333afdf787e6b45131e7",
          "filename": "2.json",
          "file_type": "json"
        },
        "title": "2番目のテキスト"
      }
]
```

今度は、同じ検索条件で意図した検索結果になったことがわかると思います。Discoveryで意図した検索結果が出てこない場合、ここで説明した手順を試してみるようにしてください。

## 4.6.5　類似検索の実行

Discoveryの機能のうち、APIでしかできないものの一つとして類似検索機能があります。さっそく、3.5節のElasticsearchで扱ったのと同じ題材を使って、類似検索をしてみましょう。

ここでもデータとしては、3.5節同様、日本百名湯のうち、Wikipediaに記事のある温泉のリストを利用します。コード全体は、ch04-06-12.ipynbにありますので、そちらを参照してください。

### ● 処理概要

他で解説済みなので、本項で説明を省略するのは、以下の処理です。

- Wikipediaにある日本百名湯の記事一覧の作成
- Discovery APIの初期化
- environment_id、collection_id、configuration_idの取得
- Discovery文書ロード関数
- Discovery文書削除関数
- 既存文書の全削除
- Wikipedia文書のロード

この処理が終わった段階で、日本百名湯の記事がDiscoveryに保存された状態になっています。

ここでは北海道の「定山渓温泉」の記事に対する類似検索を行います。Discoveryで類似検索を行う際は、Discoveryが自動採番するキーであるID値を引数で指定します。そのため、類似検索の第1ステップは、比較対象記事のID値を取得することになります。

### ● 類似検索

ID値を調べるためのコードは リスト4.6.14 の通りです。定山渓温泉を完全一致で検索するため、filterオプションを利用しています。

**リスト4.6.14** 定山渓温泉のid値を調べる（ch04-16-14.ipynb）

**In**

```
# リスト 4.6.14
# 定山渓温泉のid値を調べる

return_fields = 'app_id,title'
filter_text = 'title::定山渓温泉'

query_results = discovery.query(environment_id, ➡
collection_id,
    filter=filter_text,
    return_fields=return_fields).get_result()[ "results"]

similar_document_id = query_results[0]["id"]
print(similar_document_id)
```

**Out**

```
68c992b5-301e-4074-ba48-d6e0ca137c01
```

実際の類似検索呼び出しは **リスト4.6.15** の形になります。

Discoveryの query 関数を、similar = 'true' のオプションを付けて呼び出します。さらに、similar_document_ids = similar_document_idのパラメータで比較対象の文書を指定します。

**リスト4.6.15** 類似検索と結果表示（ch04-16-14.ipynb）

**In**

```
# リスト 4.6.15
# 類似検索と結果表示

# 類似検索実施
simular_results = discovery.query(environment_id, ➡
collection_id,
    similar = 'true',
    similar_document_ids = similar_document_id)
res = simular_results.get_result()
res2 = res['results']
```

```
# 結果表示
for item in res2:
    metadata = item['result_metadata']
    score = metadata['score']
    app_id = item['app_id']
    title = item['title']
    print(app_id, title, score)
```

**Out**

```
4  登別温泉 83.03626
7  朝日温泉 （北海道） 76.25143
5  洞爺湖温泉 75.06307
39 山中温泉 70.46456
95 霧島温泉郷 69.53352
77 道後温泉 66.549805
81 雲仙温泉 63.2905
67 湯原温泉 63.13256
30 草津温泉 62.3428
83 黒川温泉 62.240948
```

　検索結果は リスト4.6.15 の実行結果のようになりました。

　定山渓温泉と地理的に近い「登別温泉」、「朝日温泉」と「洞爺湖温泉」が上位に来ているので妥当な結果と考えられます。3.5節で説明したElasticsearchの類似検索の結果と比較した場合、スコア値と順位に多少の違いはあるものの、ほぼ同等の結果が得られていることがわかります。

# 4.7 Discoveryによる ランキング学習

本節ではランキング学習の概要を説明した後、UIツールを使ってランキング学習の演習を行います。

## 4.7.1 ランキング学習とは

3.4節では、TF-IDFとその応用のElasticsearchのスコアリングの考え方から、文書の検索結果の表示順について学びました。文書の表示順にユーザーの評価を取り入れたものが、ランキング学習です（**図4.7.1**）。

ランキング学習では、検索文と検索結果のセットから取得できる特徴量を機械学習し、検索結果をより適切な順序に並び替えます。ランキング学習を行うことで、検索対象となる文書が増えても、よりユーザーが必要とする結果を返すことができるようになります。

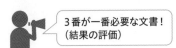
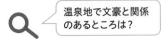
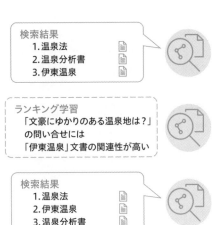

**図4.7.1** ランキング学習のイメージ

Discoveryに対してランキング学習を行うためには、「自然言語による検索文」「検索結果に対する評価」が、最低49セット必要になります。

### ● 自然言語による検索文

「自然言語による検索文」は、ユーザーが入力する検索用の文章です。実際に発

生した問い合せ文や、質問されると想定される文を使って学習を行います。なお、DQL（Discovery Query Language）による検索は、ランキング学習の対象にはなりません。

## ● 検索結果に対する評価

「検索結果に対する評価」では、検索結果が期待したものか、そうでないかの評価を行います。評価は関連度（relevance）という指標を数値で指定することで行います。

UIを利用する場合は0と10の2値が、APIを利用する場合は0から100までの任意の整数値が関連度として指定可能です。関連度の値をどうするかについては、業務内容のわかったユーザーが判断する必要があります。

Discoveryに対してランキング学習を行うにはUIツールを使う方法と、APIを使う方法の2つがあります。このうちAPIを使う方法については本節の後のコラムで説明します。

## 🎲 4.7.2　UIツールを使ったランキング学習

UIツールを使ったランキング学習の方法を説明します。

ランキング学習の対象とする文書をDiscoveryに取込み、学習させる検索文を登録し、検索結果が適切か不適切かを評価します。

## ● 1. 文書を準備して、Discoveryに取込む

取込み手順は、4.5節で説明した手順と同じなので省略します。

以下の実習では次の20個のWikipedia上の温泉に関する記事のPDF文書を取込んで行いました。PDF文書のリンクは書籍付録のファイルinput_data.pdfにありますので、こちらから1つ1つの記事を、タイトルと同じファイル名でPDF化し、Discoveryに取込むようにしてください。

取込みは簡単で、DiscoveryのOverview画面からファイルのアップロードを行うのみです。その他の設定などは必要ありません。

WikipediaからPDF文書を作成する際は、Wikipedia左側メニューの「PDF形式でダウンロード」（ 図4.7.2 （1））→「ダウロード」（2）をクリックして作成してください。

ランキング学習の前後で結果がどう変わったかを確認するために、「文豪にゆかりのある温泉地」と検索した結果をJSON形式で表示し、その内容をコピーしてメモ帳などに貼り付け、保存してください。結果をJSON形式で表示する方法

は、P.229 を参考してください。

印刷/書き出し
ブックの新規作成
PDF 形式でダウンロード
印刷用バージョン
言語　⚙
✎リンクを追加

**(1) クリック**

**PDF形式で書き出す**

PDFとしてダウンロード
泉質.pdf

**(2) クリック**

ダウンロード

**図4.7.2** PDF ファイルの作成

**表4.7.1** ランキング学習用の記事タイトル一覧

| 記事タイトル一覧 | 記事タイトル一覧 |
|---|---|
| 泉質 | 山田温泉 |
| 温泉 | 川棚温泉 |
| 温泉法 | 指宿温泉 |
| 温泉分析書 | 玉造温泉 |
| 万座温泉 | 登別温泉 |
| 伊東温泉 | 花山温泉 |
| 吉野温泉 | 雲仙温泉 |
| 塩江温泉 | 鳴子温泉 |
| 塩津温泉 | 鳴子温泉郷 |
| 大子温泉 | 大歩危温泉 |

## ● 2. ランキング学習用の検索文を登録する

　ランキング学習に利用する自然言語による検索文を49以上、UIツール上に登録します。

　ランキング学習を行うためのトレーニング（Train Watson）画面は、検索画面上の右上に表示される「Train Watson to improve results」をクリックすると（ 図4.7.3 （1））、表示されます（2）。

　画面上部の領域は、ランキング学習を行うための3つの必要条件の充足状況を示しています（ 図4.7.3 （A）（B）（C））。

（A）Add more queries … 学習用問い合わせ文（最低50）の数が不足しています。学習用問い合わせ文の追加は、後ほど紹介する（D）または（E）のリンク先から行います。

（B）Rate more results … 検索結果に対する評価（rating）が不足しています。この数を増やすためには結果の評価を行います。

（C）Add more variety to your ratings … 評価に必要な検索結果が不足しています。この数を増やすためには、コレクションに検索結果となる文書の追加を行います。

　（D）と（E）は、（A）の問題に対応する問い合わせ文追加用のリンクです（ 図4.7.3 （D）（E））。

（D）Add recent queries from Watson Discovery to sample … UIツール
で実行した検索文を、学習用の問い合わせ文として追加します。

（E）Add a natural language query … 学習用の問い合わせ文を入力して追
加します。

　ランキング学習を開始するために十分な条件が揃うと、（A）、（B）、（C）のす
べてに取り消し線が付き、自動的に学習がスタートします。

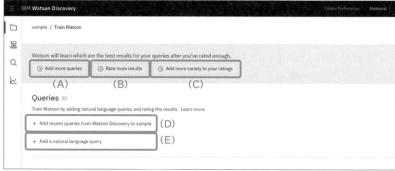

**図4.7.3** トレーニング画面の表示

画面上の「Add recent queries from Watson Discovery to sample」をクリックすると、UIツールから検索を行った検索文が表示されます（**図4.7.4**（1）（2））。なお、一度も検索を行っていない場合、検索文は表示されません。

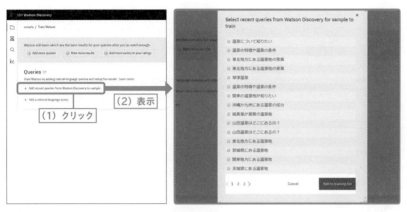

**図4.7.4** トレーニング画面 直近の検索文から追加

画面上の「Add a natural language query」をクリックすると（**図4.7.5**（1））、検索文を入力することができます（2）。事前に検索を行っていないと検索文が出てきませんので、ここでは「Add a natural language query」から検索文を追加して行います。

本書のダウンロードファイルには、「relevant_data.pdf」として、ランキング学習用の検索文と正解文書を掲載していますので、コピー＆ペーストして学習を行ってください。

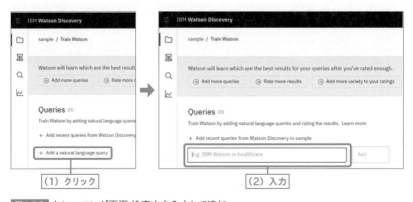

**図4.7.5** トレーニング画面 検索文を入力して追加

## ● 3. 検索結果を評価する

　UIツール上に表示される検索結果に対して、期待した結果かどうかを評価します。準備した50の検索文を入力したトレーニング画面から、結果の評価を行っていきましょう。

　検索文を追加すると、文章の横に「Rate results」が表示されますのでクリックします（ 図4.7.6 ）。

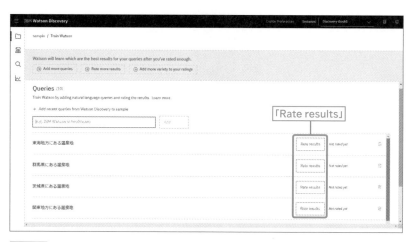

図4.7.6　検索文を追加したトレーニング画面

　検索結果と共に、それぞれの結果が期待した回答か、関係ない回答かを評価する画面が表示されます（ 図4.7.7 ）。

図4.7.7　結果の評価を行うトレーニング画面

## 「Relevant」

　回答が上位に来るべきであれば「Relevant」をクリックしてスコア10を与えます。

## 「Not relevant」

　回答が期待したものでなければ「Not relevant」をクリックしてスコア0を与えます。

　どの項目を「Relevant」にして、どの項目を「Not relevant」にするかは　表4.7.2　を参照してください。本節末に載せたコラム「Watson Discoveryの勘所」も合わせて参照してください。

　トレーニング画面の「Add more queries」「Rate more results」「Add more variety to your ratings」のすべてに取り消し線が付くと（　図4.7.8　）、自動的にトレーニングが始まります。

　追加でランキング学習をさせたい場合は、「Add recent queries from Watson Discovery to sample」または「Add a natural language query」から検索文を追加し、本演習と同じ手順で検索結果を評価します。少し経つと自動的にトレーニングが始まります。

図4.7.8　自動的にトレーニングが行われた後

　ここでのトレーニングに利用した検索文と正解文書は、　表4.7.2　の通りです。正解以外の検索結果はすべて「Not Relevant」を選ぶようにしてください。

**表4.7.2** ランキング学習用の検索文と正解文書のセット

| 検索文 | 正解文書1 | 正解文書2 | 正解文書3 | 正解文書4 |
|---|---|---|---|---|
| 温泉の特徴や泉質などの分類 | 温泉 | 泉質 | | |
| 各泉質の特徴と違いについて | 温泉 | 泉質 | | |
| 温泉法と泉質について | 温泉分析書 | 温泉 | 泉質 | 温泉法 |
| 北海道にある温泉地 | 登別温泉 | | | |
| 東北地方にある温泉地 | 鳴子温泉 | 鳴子温泉郷 | | |
| 宮城県にある温泉地 | 鳴子温泉郷 | 鳴子温泉 | | |
| 関東地方にある温泉地 | 大子温泉 | 万座温泉 | | |
| 茨城県にある温泉地 | 大子温泉 | | | |
| 群馬県にある温泉地 | 万座温泉 | | | |
| 東海地方にある温泉地 | 伊東温泉 | 塩津温泉 | | |
| 静岡県にある温泉地 | 伊東温泉 | | | |
| 愛知県にある温泉地 | 塩津温泉 | | | |
| 近畿地方にある温泉地 | 花山温泉 | 吉野温泉 | | |
| 奈良県にある温泉地 | 吉野温泉 | | | |
| 和歌山県にある温泉地 | 花山温泉 | | | |
| 四国地方にある温泉地 | 塩江温泉 | 大歩危温泉 | | |
| 香川県にある温泉地 | 塩江温泉 | | | |
| 徳島県にある温泉地 | 大歩危温泉 | | | |
| 中国地方にある温泉地 | 玉造温泉 | 川棚温泉 | | |
| 島根県にある温泉地 | 玉造温泉 | | | |
| 山口県にある温泉地 | 川棚温泉 | | | |
| 九州地方にある温泉地 | 指宿温泉 | 雲仙温泉 | | |
| 長崎県にある温泉地 | 雲仙温泉 | | | |
| 鹿児島県にある温泉地 | 指宿温泉 | | | |
| 沖縄県にある温泉地 | 山田温泉 | | | |
| 泉質が硫黄泉の温泉 | 万座温泉 | 登別温泉 | 鳴子温泉 | 雲仙温泉 |
| 泉質が単純硫化水素泉の温泉 | 塩江温泉 | 山田温泉 | 大子温泉 | 鳴子温泉 |
| 岡山県に近い温泉地 | 玉造温泉 | 塩江温泉 | 大歩危温泉 | |
| 京都府に近い温泉 | 玉造温泉 | 塩江温泉 | 花山温泉 | 吉野温泉 |
| 熊本に近い温泉 | 玉造温泉 | 指宿温泉 | 塩江温泉 | 川棚温泉 |
| 宮崎県に近い温泉 | 玉造温泉 | 塩津温泉 | 山田温泉 | 塩江温泉 |

（続き）

| 検索文 | 正解文書1 | 正解文書2 | 正解文書3 | 正解文書4 |
|---|---|---|---|---|
| 秋田県に近い温泉 | 鳴子温泉郷 | 鳴子温泉 | | |
| 東京都に近い温泉 | 大子温泉 | 万座温泉 | | |
| 千葉県に近い温泉 | 大子温泉 | 万座温泉 | | |
| 北海道か東北地方にある温泉 | 鳴子温泉 | 登別温泉 | 鳴子温泉郷 | |
| 東北地方か関東にある温泉 | 鳴子温泉 | 鳴子温泉郷 | 大子温泉 | 万座温泉 |
| 近畿か中国地方にある温泉 | 玉造温泉 | 川棚温泉 | 花山温泉 | 吉野温泉 |
| 四国か中国地方にある温泉 | 玉造温泉 | 川棚温泉 | 塩江温泉 | 大歩危温泉 |
| 沖縄か九州地方にある温泉 | 山田温泉 | 指宿温泉 | 雲仙温泉 | |
| 沢山の泉質を持つ | 鳴子温泉 | 吉野温泉 | 鳴子温泉郷 | 登別温泉 |
| 文豪にゆかりのある温泉 | 吉野温泉 | 雲仙温泉 | 伊東温泉 | 大子温泉 |
| 国民保険温泉地に指定されている温泉 | 鳴子温泉郷 | 雲仙温泉 | 塩江温泉 | |
| 武将にゆかりのある温泉 | 吉野温泉 | 鳴子温泉郷 | 鳴子温泉 | 万座温泉 |
| 冷鉱泉に分類される温泉 | 花山温泉 | 大歩危温泉 | 山田温泉 | |
| 肌がきれいになる | 大歩危温泉 | 大子温泉 | | |
| 温泉に分類される温泉 | 玉造温泉 | | | |
| 高温泉に分類される温泉 | 大歩危温泉 | 川棚温泉 | 指宿温泉 | 玉造温泉 |
| 熱い温泉 | 指宿温泉 | 万座温泉 | 登別温泉 | |
| 文学者がおとずれた温泉 | 吉野温泉 | 雲仙温泉 | 伊東温泉 | 大子温泉 |
| 作家に縁のある温泉 | 吉野温泉 | 雲仙温泉 | 伊東温泉 | 大子温泉 |
| 文人が訪れた温泉 | 吉野温泉 | 雲仙温泉 | 伊東温泉 | 大子温泉 |
| 文豪が好きな温泉地 | 吉野温泉 | 雲仙温泉 | 伊東温泉 | 大子温泉 |

　ランキング学習を行った結果は、信頼度（confidence）スコアに反映されます。

　検索結果の信頼度スコアがどのように変わったのか見てみましょう。UIツールの検索結果をjson形式で表示すると「confidence」という値が返されているのが確認できます（ 図4.7.9 上）。ランキング学習前後で、大子温泉のconfidence値が「0.000318366336120193」から「0.311238955139817」に変わっているのがわかります（ 図4.7.9 下）。

ランキング学習前

```
results: [
    {
        id: "f24000ea78202efa3a9544e➡
410c0421e",
        result_metadata: {
            confidence:
0.000318366336120193,

        },
        title: [
            大子温泉
        ],
```

ランキング学習後

```
results: [
    {
        id: "f24000ea78202efa3a9544e➡
410c0421e",
        result_metadata: {
            confidence:
0.311238955139817,

        },
        title: [
            大子温泉
        ],
```

**図4.7.9** 検索結果をjson形式で表示

## ● 4.「文豪にゆかりのある温泉」の検索結果を確認する

**表4.7.3** は「文豪にゆかりのある温泉地」という検索文について、ランキング学習前後でどのように結果が変わったかを表しています。

表4.7.3 ランキング学習前後の検索結果と評価

**ランキング学習前**

| ランク | ファイル名 | confidence | 評価 |
|---|---|---|---|
| 1 | **吉野温泉.pdf** | **0.78174808** | **10** |
| 2 | 温泉.pdf | 0.209688585 | 0 |
| 3 | 鳴子温泉郷.pdf | 0.000439599 | |
| 4 | 指宿温泉.pdf | 0.000406786 | |
| 5 | 玉造温泉.pdf | 0.000381558 | |
| 6 | 塩江温泉.pdf | 0.000370793 | |
| 7 | 泉質.pdf | 0.000353691 | |
| 8 | 鳴子温泉.pdf | 0.000346491 | |
| 9 | 川棚温泉.pdf | 0.000320577 | |
| 10 | **大子温泉.pdf** | **0.000318366** | **10** |
| 11 | 山田温泉.pdf | 0.00030311 | |
| 12 | 温泉分析書.pdf | 0.000284327 | |
| 13 | 万座温泉.pdf | 0.000283614 | |
| 14 | 大歩危温泉.pdf | 0.000282502 | |
| 15 | 温泉法.pdf | 0.000282316 | |
| 16 | **雲仙温泉.pdf** | **0.000279731** | **10** |
| 17 | **伊東温泉.pdf** | **0.000260917** | **10** |
| 18 | 登別温泉.pdf | 0.00020815 | |
| 19 | 花山温泉.pdf | 0.000203833 | |
| 20 | 塩津温泉.pdf | 0 | |

**ランキング学習後**

| ランク | ファイル名 | confidence |
|---|---|---|
| 1 | 吉野温泉.pdf | 0.649500909 |
| 2 | **雲仙温泉.pdf** | **0.368232119** |
| 3 | 万座温泉.pdf | 0.365262835 |
| 4 | **伊東温泉.pdf** | **0.329889664** |
| 5 | **大子温泉.pdf** | **0.311238955** |
| 6 | 温泉法.pdf | 0.279247896 |
| 7 | 鳴子温泉郷.pdf | 0.266728067 |
| 8 | 鳴子温泉.pdf | 0.241167296 |
| 9 | 温泉分析書.pdf | 0.23309477 |
| 10 | 川棚温泉.pdf | 0.227213041 |

　最初は下位にあった「大子温泉」「雲仙温泉」「伊東温泉」がともに上位に入るようになりました。

## 4.7.3　パフォーマンス・ダッシュボード

　Discoveryには検索結果の改善をサポートするために「パフォーマンス・ダッシュボード」という機能が準備されています（図4.7.10）。ランキング学習の精度改善にも役立てることができますので、本項で説明します。

　画面左側のグラフのアイコン部分をクリックするとパフォーマンス・ダッシュボード画面が表示されます。

**図4.7.10** パフォーマンス・ダッシュボード

## Fix queries with no results by adding more data

　検索結果がない検索文に対して、結果を返すようにデータを追加することができます。

　「View all and add data」をクリックすると、データを追加する対象となるコレクション選択画面に遷移しますので、検索文の回答となりえる文書をアップロードしましょう。

　ここのケースでは「中大兄皇子と聖徳太子」という検索文に対して回答がないと示されています。これを受けて、2人が行幸したとされる「道後温泉」を追加する、といった対策を取ることができます（追加専用の特別な画面が準備されているわけではありません）。

## Bring relevant results to the top by training your data

　ランキング学習を行って、検索結果のスコアリングを改善することができます。

　「View all and perform relevancy training」をクリックすると、**4.7.2項**で利用したランキング学習を行うためのトレーニング（Train Watson）画面が表示されます。

## Query overview

　この部分には次のデータが表示されます。

- ●ユーザーによる検索の総数
- ●1つ以上の結果がクリックされた検索（Queries with one or more results clicked）の割合
- ●結果がクリックされなかった検索（Queries with no results clicked）の割合
- ●結果が返されなかった検索（Queries with no results）の割合
- ●これらの結果を時系列に沿って表示するグラフ（Queries over time）

　このようなデータにより、文書の追加およびランキング学習によってパフォーマンスがどのように改善されていくかを確認することができます。

　文書の追加を行った後は「結果が返されなかった検索」の割合が減っているか、ランキング学習を行った後は「結果がクリックされなかった検索」の割合が減っているかを確認してみましょう。

 **MEMO**

### 検索結果に対するアクションについて

1つ以上の結果がクリックされたかどうかは、イベントAPI（Events API）を通じて収集されます。検索結果のどの文書がクリックされたのか、を収集することでランキング学習の判断に使うことができます。

# APIを利用したDiscovery のランキング学習

Discoveryのランキング学習は、UIツールからだけでなく、APIからも行うこと が可能です。
本節では、その方法について簡単に説明します。

**(!) ATTENTION**

### APIを利用したランキング学習の前提

APIを使ったランキング学習は、有償プランが前提となります。今まで実習で使って きたLiteプランでは利用できませんので、ご注意ください。

いつものようにデータのロードなどについてはAPIを使って簡単に行います。 詳細手順はch04-08-01.ipynbを参照してください。ここでは、処理の概要のみ 記載します。

### Wikipediaからテキストの一覧を作成

読み込む項目については、4.7節のものに合わせてあります。

### Wikipediaから取得したデータのロード

4.6節で解説したコードを使って、複数のWikipedia文書を一括ロードしま す。

## ● トレーニングデータの削除

今まで出てきていないAPIとしてトレーニングデータの全削除を リスト4.8.1 として紹介します。

データそのものとは別にDiscoveryでは学習に利用した問い合わせ文もト レーニングデータとして保存されます。同じ問い合わせ文をもう一度学習しよう とすると、API呼び出しはエラーとなるので、そのような場合、 リスト4.8.1 の API呼び出しを行う必要があります。

リスト4.8.1 トレーニングデータの全削除 (ch04-08-01.ipynb)

**In**

```
# リスト 4.8.1

# トレーニングデータの全削除
discovery.delete_all_training_data(environment_id, ➡
collection_id)
```

**Out**

```
<ibm_cloud_sdk_core.detailed_response.DetailedResponse ➡
at 0x1055723c8>
```

## ● 自然言語問い合わせ

　ランキング学習は必ず、自然言語問い合わせとセットになっています。そこで、自然言語問い合わせのAPI呼び出しからコーディングの説明をします。

　リスト4.8.2 が、API経由で自然言語問い合わせを行う場合の方法です。4.6節で紹介した検索がqueryキーワードを使っていたのに対して、natural_language_queryキーワードを使っていることがわかります。

リスト4.8.2 自然言語問い合わせ (ch04-08-01.ipynb)

**In**

```
# リスト 4.8.2

# 自然言語問い合わせ
query_text = '温泉の特徴や泉質などの分類'
return_fields = 'app_id,title'

query_results = discovery.query(environment_id, ➡
collection_id,
    natural_language_query=query_text,
    return_fields=return_fields).get_result()
res2 = query_results['results']
```

## ● examples 配列の組立て

　リスト4.8.3 では、問い合わせ結果の概要を表示しているのですが、同時にもう

1つのことを行っています。それは、examples配列の組立てです。この配列は、ランキング学習実施時に必要な配列です。その雛形を リスト4.8.3 のコードで同時に組立てています。

リスト4.8.3 問い合わせ結果表示 & examples配列の組立て（ch04-08-01.ipynb）

In

```
# リスト 4.8.3

# 問い合わせ結果表示 & examples配列の組立て
examples = []

for item in res2 :
    document_id = item['id']
    metadata = item['result_metadata']
    score = metadata['score']
    confidence = metadata['confidence']
    app_id = item['app_id']
    title = item['title']
    example = {
        'document_id': document_id,
        'cross_reference': app_id,
        'relevance': 0
    }
    print(document_id, title, app_id, score, confidence )
    examples.append(example)
```

Out

```
2eace74c-63d5-4d52-a955-51fe04186f00 温泉 2 ➡
4.8137145 0.5811455283381883
e95bd110-12c6-4d1d-85bb-95d490d7f598 泉質 1 ➡
4.624061 0.5579880590281154
912859f6-db79-44bc-8dc1-56d1778cfea4 鳴子温泉 17 ➡
1.8692434 0.22161354431128308
2047653e-12fa-465e-b012-06e52512cf55 塩津温泉 9 ➡
1.6625433 0.19637461530581254
9f66d9c9-4260-42a3-8016-61b80dd3f695 伊東温泉 6 ➡
1.637922 0.19336825370887867
bbea0e15-20b6-4a08-9c16-d7c44007a7d7 万座温泉 5 ➡
1.4662988 0.17241235789416123
```

```
335ce47d-a297-4230-9e53-eff1db7f4030 登別温泉 14 ➡
1.1656604 0.13570317761839817
9b26e92a-731d-4b15-9894-08037b030adf 鳴子温泉郷 18 ➡
0.3208681 0.03255057689847514
4e364997-b5cf-4c5c-8bb1-1d70db56e69e 指宿温泉 12 ➡
0.31273198 0.03155712331495008
3cca59f9-e394-43e0-b3bd-2abfcb8ea106 塩江温泉 8 ➡
0.29632935 0.029554294994726713
```

 **MEMO**

### ◯example配列の項目cross_referenceについて

example配列のキー項目document_idはDiscoveryが自動採番するIDでアプリ側でコントロールできません。アプリ側でキーとして利用できるオプション項目がcross_referenceです。サンプルアプリではこの項目にapp_idの値を設定して、オリジナル文書のどの項目が、example配列のどの項目に該当するか、対応付けができるようにしています。

## ● example配列の完成

次のステップは、仮置きですべて0の値を設定しているrelevanceに正しい値を設定することです。

先ほどの問い合わせ文に対する正解はapp_id=1の「泉質」とapp_id=2の「温泉」なので、この2つに対して10の値を設定します（MEMO参照）。
リスト4.8.4 にそのコードを示します。

 **MEMO**

### relevance値設定の考え方

UIツールを使ってランキング学習をする場合は、学習時の正解データに対するrelevanceは常に10だったのですが、APIを利用する場合0から100までの任意の値を設定できます。このことはUIツール利用時と比較してAPI利用のメリットの1つです。しかし本節直後のコラム「Discoveryの勘所」で説明するように、relevanceにいろいろな値を設定する場合、精度評価も精密に行う必要があります。これは、学習コストを上げることにつながるので、最初は「0または10」というシンプルな方法で学習させることをお勧めします。こうしておくことで、UIツールからの学習と併用することも可能です。

**In**

```python
# リスト 4.8.4

# examples配列の完成
examples[0]['relevance'] = 10
examples[1]['relevance'] = 10

for example in examples:
    print(example)
```

**Out**

```
{'document_id': '2eace74c-63d5-4d52-a955-51fe04186f00', ➡
'cross_reference': 2, 'relevance': 10}
{'document_id': 'e95bd110-12c6-4d1d-85bb-95d490d7f598', ➡
'cross_reference': 1, 'relevance': 10}
{'document_id': '912859f6-db79-44bc-8dc1-56d1778cfea4', ➡
'cross_reference': 17, 'relevance': 0}
{'document_id': '2047653e-12fa-465e-b012-06e52512cf55', ➡
'cross_reference': 9, 'relevance': 0}
{'document_id': '9f66d9c9-4260-42a3-8016-61b80dd3f695', ➡
'cross_reference': 6, 'relevance': 0}
{'document_id': 'bbea0e15-20b6-4a08-9c16-d7c44007a7d7', ➡
'cross_reference': 5, 'relevance': 0}
{'document_id': '335ce47d-a297-4230-9e53-eff1db7f4030', ➡
'cross_reference': 14, 'relevance': 0}
{'document_id': '9b26e92a-731d-4b15-9894-08037b030adf', ➡
'cross_reference': 18, 'relevance': 0}
{'document_id': '4e364997-b5cf-4c5c-8bb1-1d70db56e69e', ➡
'cross_reference': 12, 'relevance': 0}
{'document_id': '3cca59f9-e394-43e0-b3bd-2abfcb8ea106', ➡
'cross_reference': 8, 'relevance': 0}
```

## 4.8.1 学習の実施

　これで学習の準備が整いました。学習は質問時に使ったテキストquery_textと先ほど組立てた学習用データexamplesを引数として、add_ training_data関数呼び出しで行います（ リスト4.8.5 ）。

リスト4.8.5 ランキング学習の実施（ch04-08-01.ipynb）

**In**

```
# リスト 4.8.5

# ランキング学習の実施
train_results = discovery.add_training_data(➡
environment_id, collection_id,
    natural_language_query=query_text, examples=➡
examples).get_result()
```

## ● ランキング学習結果の確認

　最後にランキング学習結果の確認を行いましょう（ リスト4.8.6 ）。学習した文書ごとに、cross_reference、relevance、created、updatedが記録されていることがわかります。最後の2つは、学習データに対するタイムスタンプとなります。

リスト4.8.6 ランキング学習結果の確認（ch04-08-01.ipynb）

**In**

```
# リスト 4.8.6

# ランキング学習結果の確認
res2 = train_results['examples']
for item in res2:
    print(item)
```

**Out**

```
{'document_id': '2eace74c-63d5-4d52-a955-51fe04186f00', ➡
'cross_reference': '2', 'relevance': 10, 'created': ➡
'2019-08-05T10:40:51.760Z', 'updated': ➡
'2019-08-05T10:40:51.794Z'}
{'document_id': 'e95bd110-12c6-4d1d-85bb-95d490d7f598', ➡
'cross_reference': '1', 'relevance': 10, 'created': ➡
'2019-08-05T10:40:51.760Z', 'updated': ➡
'2019-08-05T10:40:51.798Z'}
```

```
{'document_id': '912859f6-db79-44bc-8dc1-56d1778cfea4', ➡
'cross_reference': '17', 'relevance': 0, 'created': ➡
'2019-08-05T10:40:51.760Z', 'updated': ➡
'2019-08-05T10:40:51.801Z'}
{'document_id': '2047653e-12fa-465e-b012-06e52512cf55', ➡
'cross_reference': '9', 'relevance': 0, 'created': ➡
'2019-08-05T10:40:51.760Z', 'updated': ➡
'2019-08-05T10:40:51.803Z'}
{'document_id': '9f66d9c9-4260-42a3-8016-61b80dd3f695', ➡
'cross_reference': '6', 'relevance': 0, 'created': ➡
'2019-08-05T10:40:51.760Z', 'updated': ➡
'2019-08-05T10:40:51.806Z'}
{'document_id': 'bbea0e15-20b6-4a08-9c16-d7c44007a7d7', ➡
'cross_reference': '5', 'relevance': 0, 'created': ➡
'2019-08-05T10:40:51.760Z', 'updated': ➡
'2019-08-05T10:40:51.809Z'}
{'document_id': '335ce47d-a297-4230-9e53-eff1db7f4030', ➡
'cross_reference': '14', 'relevance': 0, 'created': ➡
'2019-08-05T10:40:51.760Z', 'updated': ➡
'2019-08-05T10:40:51.811Z'}
{'document_id': '9b26e92a-731d-4b15-9894-08037b030adf', ➡
'cross_reference': '18', 'relevance': 0, 'created': ➡
'2019-08-05T10:40:51.760Z', 'updated': ➡
'2019-08-05T10:40:51.814Z'}
{'document_id': '4e364997-b5cf-4c5c-8bb1-1d70db56e69e', ➡
'cross_reference': '12', 'relevance': 0, 'created': ➡
'2019-08-05T10:40:51.760Z', 'updated': ➡
'2019-08-05T10:40:51.817Z'}
{'document_id': '3cca59f9-e394-43e0-b3bd-2abfcb8ea106', ➡
'cross_reference': '8', 'relevance': 0, 'created': ➡
'2019-08-05T10:40:51.760Z', 'updated': ➡
'2019-08-05T10:40:51.819Z'}
```

## Discovery の勘所

Discovery の「勘所」を説明します。Discovery のプロジェクトを実際に行う場合、以下の点に注意して各タスクを進めるようにしてください。

### ● 1. 業務用語が検索できない場合

Discovery に業務用語を含んだテキストを登録した際、その業務用語をキーにした検索ができない場合があります。

Discovery に日本語文書を登録する場合、裏では 3.3.3 項で説明したように形態素解析エンジンや様々なフィルターが動いていて、それらの影響で意図した検索ができない場合がほとんどです。4.6.3 項で説明した「新幹線はやぶさ」がその典型的な例となります。このような場合、4.6.4 項で説明した Discovery の形態素辞書の登録を利用して形態素解析の挙動を変える必要があります。

どのようなことが起きているか推測するには、3.3.2 節で紹介した Elasticsearch の分析結果表示関数を使うことが参考になる場合があります。

### ● 2. キーワード検索で AND 検索ができない

Discovery で query キーワードを使って検索を行った場合、検索結果はスコア順に表示されます。スコアのアルゴリズムについては公開されていませんが 3.4.2 項の冒頭で示した Elasticsearch のスコアリングアルゴリズムの数式と同等と考えられます。

この数式を見るとわかるように、複数の検索ワードがあった場合、スコアはそれぞれの単語に対するスコアを加算したものとなります。つまり、AND 検索ではなく、OR 検索と同等のことをしていることになります。query キーワードを使った場合の挙動はこのような形になるので、AND 検索を行いたい場合、query でなく filter キーワードを使うようにしてください。

### ● 3. ランキング学習と評価手法

ランキング学習は便利な機能ですが、この機能を使い、しかも本番運用中にも追加学習を行う場合、必ず「精度評価」とセットで行うべきです。

運用時の追加学習には人手などのコストが発生します。そのようなコストをかけてまで追加学習をするかどうかに関しては、事前設定した目標精度に対して現在の値がいくつであるのか、追加学習によってその数値がどの程度改善したかを確認するべきだからです。

その場合課題になるのが、どのような方法で評価を行うかです。次の 2 つの方法が知られています。

1 つ目の手法は非常にシンプルな方法です。前提として問い合わせ文に対して正解のテキストは 1 つしかないこととします。この場合に、正解がランクの最上位か、トップ 3 に含まれているか、トップ 5 に含まれているかを計算してこの率を評価値とします。

もう1つの方法はNDCG（Normalized Discounted Cumulative Gain）と呼ばれる計算方法です。この場合、1つの問い合わせ文に対して正解が複数あり、正解の度合いがスコア（good: 5、fair: 3など）によって規定されることが前提です。理想的な検索結果（文書がスコア順に並んだ結果）と、実際の検索結果でそれぞれ次のDCGと呼ばれる式でスコアを計算し、その比を取った値をNDCGとして計算します。

　以下の式で、$i$番目の検索結果文のスコアは$s(i)$であるとします。また、検索結果として意味のある文の合計が$m$個とします。

$$DCG = s(1) + \sum_{i=2}^{m} \frac{s(i)}{\log_2 i}$$

　一見難しそうな式に見えますが、そんなことはありません。NGCDのDはdiscountつまり、「値切る」ということです。$\log_2 2 = 1$ですので検索結果の1位と2位の文章は本来のスコア通りの評価が与えられます。

　これに対して$\log_2 4 = 2$または$\log_2 8 = 3$ですので、例えば、本来1位になるべき文が検索結果として4番目に出てきた場合、そのスコアは本来の$\frac{1}{2}$に、また8番目に出てきた場合は$\frac{1}{3}$に値切られる形になります。

　このような方法でスコアを計算すると、本来1位になるべき文章が下位に行けば行くだけ値切られて、全体のスコアが小さくなることがわかります。検索結果として意味がある（＝スコアが0でない）すべての文章に対してこの値を計算し、それを足したものがDCGということになります。

　4.7節と4.8節でDiscoveryのランキング学習をUIツールから行う場合とAPI経由で行う場合について説明しました。

　UIツールを使う場合、スコアとしては10と0の2値しか与えることができないのに対してAPIを使う場合は、細かくスコアを与えることが可能です。しかし、後者を利用する場合の注意点として、このように細かくスコアを決めた場合、評価についても今説明したNDCGのような手法を取り入れないとバランスが悪くなってしまいます。3段階以上の細かいスコアリングで学習を行う場合、このような評価が可能なのかを含めて方針を決めるようにしてください。

# CHAPTER 5 Word2VecとBERT

第4章で説明した商用APIの代表としてのWatsonによるテキスト分析はいかがだったでしょうか？ 従来から提供されていたOSSの技術をベースにしつつ、それらでカバーしきれない新しい機能が機械学習モデルにより実装されていることがわかったと思います。

第5章では再びOSSの世界に戻ります。これから紹介するWord2Vecは2014年に最初の論文が発表されてから大きな反響を呼び、今では「テキストが関連する商用APIにおいて、内部で利用されていないものはない」といってもよいほど、いろいろな場面で活用されるようになりました。本章では、その基本的な考え方、特徴を実習を通して説明した後、どのような場面で利用されているかの一部についても紹介します。

2018年 10月にGoogleはBERTと呼ばれる画期的な自然言語処理技術を発表しました。本章では最後にその技術がなぜすごいのかを簡単に紹介します。

 **MEMO**

### 第5章の内容

第5章の説明では、入力層、出力層、隠れ層、重み行列など、ニューラルネットワークに関する基礎的な知識を前提としています。本書の紙面の都合により、詳細は割愛しますが、これらの概念が十分わからない読者は他の書籍などで、この部分の知識をつけるようにしてください。

# 5.1 Word2Vec モデル概要

本節では、Word2Vecが「どのような考え方に基づいてできたものなのか」「どのような特徴を持ったモデルなのか」について簡単に紹介します。

## 5.1.1 Word2Vecの学習法

　Word2Vecとは、膨大な自然言語のテキスト文を学習データとして単語間の物理的な近さ（「2語前」や「1語後ろ」など）だけを手がかりに学習を行う仕組みです。モデルの作り方として、Skip-gramと呼ばれる方式と、CBoW（Continuous Bag-of-Words）と呼ばれる方式の2つがあります。

- ●Skip-gram

  ある単語を対象としたとき、他の単語がどの程度その単語の近所に来る可能性があるかを確率で予測するモデルを作ります。CBoWと比較した場合、より少ない学習データで比較的高精度のモデルができるとされています。

- ●CBoW

  ちょうどSkip-gramの逆のモデルを考えます。ある単語の周囲の単語を入力として、中心に来る単語を予測するモデルを作ります。

　例えば、学習対象のテキストとしてI eat an apple every day.という英文を考えます。この場合、上の2つのモデルがどのような問題を予測するモデルであるのかを、 図5.1.1 で示します。

**I eat an apple every day.**

**Skip-gram**
中心語のappleから、その周辺の単語を予測する

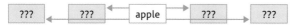

**CBoW**
周辺の単語eat、an、every、dayから中心の単語を予測する

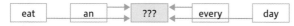

図5.1.1 Skip-gramとCBoWのモデルの方式

### 5.1.2 Word2Vecのモデル構造

入力と出力だけを見た、概念的なレベルのモデルの仕組みは5.1.1項で説明した通りですが、より実装に近いレベルの機械学習モデルの構造について本項で説明します。

#### 入力テキストの単語をOne Hot Vector化

One Hot Vectorとは、ある特定の要素の値のみが1、残りすべての要素の値が0であるようなベクトル表現のことをいいます。機械学習モデルを利用したテキスト分析では、自然言語文を構成している個々の単語を機械学習モデルで扱えるような数値ベクトルに変換する必要がありますが、その場合に最もよく利用される方法となります。具体的なイメージは、図5.1.2 を参照してください。

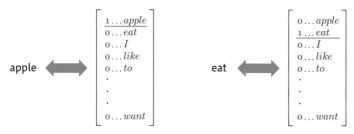

図5.1.2 入力テキスト単語のOne Hot Vecotor化

## ● ニューラルネットワークの基本構造

図5.1.3 を見てください。これがWord2Vecのニューラルネットワークの構造です。隠れ層を1層のみ持つシンプルな構造となっています。また、入力層と出力層は同じ次元数（$V$個）となっていて、この構造により「単語から単語を予測する」という5.1.1項で説明したモデルの振る舞いを実現することが可能となります。

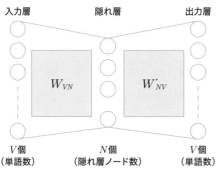

図5.1.3 Word2Vecのニューラルネットワーク

Skip-gramとCBoWのそれぞれについて、具体的な学習のイメージを示すと、図5.1.4 および 図5.1.5 のようになります。

図5.1.4 Skip-gramの学習イメージ

**図 5.1.5** CBoWの学習イメージ

### 🔷 5.1.3　学習時の目的と真の目的

　Word2Vecの学習の本当の目的について説明します。

　Word2Vecは、5.1.2項のような形で定義した機械学習モデルに対して5.1.1項のような形の教師データを使って学習を進めていきます。しかし、普通の機械学習モデルと異なる点が1つあります。通常の機械学習が目的のモデルでは、最終的に新しい入力データが来た場合に、次の値を予測することですが、Word2Vecはまったく別の目的を持っています。そのことを具体例で追ってみましょう。

　図 5.1.6 を見てください。これは単語数 $V=10000$、隠れ層ノード数 $N=100$ を想定したモデルのイメージです。このモデルに対して入力ベクトルとして appleに該当するOne Hot Vectorを入れたとします。

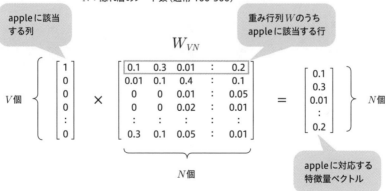

**図 5.1.6** Word2Vec ニューラルネットワークイメージの一部

すると元の重み行列$W$のうち**apple**に該当する行を抜き出したものが、隠れ層の出力になることがわかります。そして重要なのは、このときの隠れ層のベクトルが、元の入力単語の「特徴量」として意味があることがわかった点にあります。つまり、Word2Vecでは、できたモデルの予測結果でなく、その過程でできあがった重み行列の個々の行要素の値が重要ということになります。

　通常は100から300程度の隠れ層のノード数で学習を行います。入力は新しい単語毎に1次元増えるので、一定量のテキストを学習させると、通常、入力ベクトルの次元数は数万から数十万次元になります。

　このように巨大な次元数の入力を100次元程度に圧縮できるということは、機械学習モデルを作るという観点では、非常に優秀な特徴量抽出をしているということになります。

## 5.1.4　Word2Vecで生成した特徴量ベクトルの性質

　5.1.3項で、Word2Vecでは学習と別の真の目的として、単語毎の特徴量ベクトル抽出があるという話をしました。本項では、このようにして抽出した特徴量ベクトルがどのような性質を持っているか、その一部をご紹介します。

　図5.1.7 を見てください。これは、機械学習のライブラリ TensorFlow のチュートリアルから引用した、特徴量ベクトルの性質例を示す図となっています。

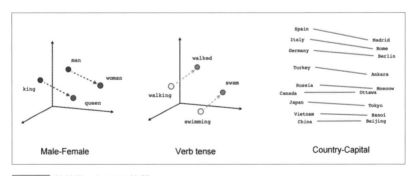

図5.1.7 特徴量ベクトルの性質

出典　「Mapping Word Embeddings with Word2vec」より引用
URL　https://towardsdatascience.com/mapping-word-embeddings-with-word2vec-99a799dc9695

　いずれの図も、元の100次元程度の特徴量ベクトルを次元圧縮[1]などの方法を用いて、2次元または3次元に圧縮をかけた結果を可視化したものと理解してください。

● Male-Female
　Word2Vecの紹介の際に最もよく引用される例です。図を見ればわかるように king − queen のベクトルの方向と man − woman のベクトルの方向がほぼ同一となっています。つまり、このベクトルは「男性」-「女性」の特徴量を表すものと考えることが可能です。

● Verb-tense
　今度は walking − walked と swimming − swam の差のベクトルはほぼ同一となっています。つまり、このベクトルは、動詞の時制の違いを表現していると考えられます。

● Country-Capital
　最後の例では、「国名」と「首都名」の対比を見ています。この場合も「国名」−「首都名」は、ほぼ同じベクトルになりそうなことが図から読み取れます。

---

※1　教師なし学習モデルとしてよく利用される機械学習の手法です。多次元ベクトルのデータのうち、一番変化の大きい方向のベクトル成分を抽出し、その成分を可視化することで、多次元ベクトルのイメージを持ちやすくします。

# 5.2 Word2Vecを使う

5.1節でWord2Vecがどんなものか、おおよそのイメージは持てたと思います。本節では、実際にPythonの中からWord2Vecを使ってみることにします。具体的な方法として、自分で学習から行う方法と学習済みデータを利用する方法の2つを試すことにします。

## 🔲 5.2.1　自分で学習から行う方法

最初に自分で学習から行う方法を試してみます。

### ● 事前準備

Word2Vecでは gensim というライブラリを利用するので、このライブラリを事前に導入する必要があります。また、日本語が対象なので、前処理として形態素解析が必要です。そのためのライブラリとして、最も簡単に利用できるJanome を使うことにします。

[ターミナル]

```
$ pip install janome
$ pip install gensim
```

### ● 学習用データ入手

最初のステップは学習用テキストの入手です。具体的方法は 2.1 節で説明したどの方法でもよいのですが、ここでは手順を簡単にするため青空文庫の特定の小説（夏目漱石「三四郎」）を利用する方法を示します。

実際に リスト5.2.1 のコードを利用する際は、1点注意すべきことがあります。それは、Word2Vecはその性質上、「学習データの量は多ければ多いほどよい」ということです。このサンプルコードはコード量と処理時間を最小とするため、「1つの小説のみ利用」という簡易的な方法にしていますが、実際のモデルを作る際はこの点に注意し、できるだけ多くのテキストデータを学習に利用するようにしてください。

**リスト5.2.1** Word2Vec 学習用データ入手（ch05-02-01.ipynb）

**In**

```python
# リスト 5.2.1
# Word2Vec 学習用データ入手

# zipファイルダウンロード
# 対象は夏目漱石の「三四郎」
url = 'https://www.aozora.gr.jp/cards/000148/files/→
794_ruby_4237.zip'
zip = '794_ruby_4237.zip'
import urllib.request
urllib.request.urlretrieve(url, zip)

# ダウンロードしたzipの解凍
import zipfile
with zipfile.ZipFile(zip, 'r') as myzip:
    myzip.extractall()
    # 解凍後のファイルからデータ読み込み
    for myfile in myzip.infolist():
        # 解凍後ファイル名取得
        filename = myfile.filename
        # ファイルオープン時にencodingを指定してsjisの変換をする
        with open(filename, encoding='sjis') as file:
            text = file.read()

# ファイル整形
import re
# ヘッダ部分の除去
text = re.split('\-{5,}',text)[2]
# フッタ部分の除去
text = re.split('底本：',text)[0]
# | の除去
text = text.replace('|', '')
# ルビの削除
text = re.sub('《.+?》', '', text)
# 入力注の削除
text = re.sub('［＃.+?］', '',text)
# 空行の削除
text = re.sub('\n\n', '\n', text)
text = re.sub('\r', '', text)
```

```
# 整形結果確認

# 頭の100文字の表示
print(text[:100])
# 見やすくするため、空行
print()
print()
# 後ろの100文字の表示
print(text[-100:])
```

—

　うとうととして目がさめると女はいつのまにか、隣のじいさんと話を始めている。このじいさんはたしかに前の前の駅から乗ったいなか者である。発車まぎわに頓狂な声を出して駆け込んで来て、いきなり肌をぬい


評に取りかかる。与次郎だけが三四郎のそばへ来た。
「どうだ森の女は」
「森の女という題が悪い」
「じゃ、なんとすればよいんだ」
　三四郎はなんとも答えなかった。ただ口の中で迷羊、迷羊と繰り返した。


## ● 学習用データの前処理

　次に、前のステップで準備した学習用データの前処理を行います。

　これから利用するgensimのWord2Vecのライブラリは、入力テキストから辞書を作成しさらにテキストを単語毎にOne Hit Vector化する処理を、ライブラリの内部でやってくれます。つまり、使う側でそういう処理を意識する必要はないのですが、日本語の場合、1点注意しないといけないことがあります。

　読者も、もう想像がついたと思いますが、例によって形態素解析を行っておく必要があるのです。ここでは、一番簡単に形態素解析を行うため、2.2節で紹介した方法のうち、Janomeを用いる方法を利用することにします。

　モデル作成時の最終的な学習データは、下のような形式の「リストのリスト」となっています。学習時、入力単語の周辺$k$個の単語を、出力単語として学習させるのですが、文書の切れ目（日本語の場合、句点「。」）を超えたつながりは考

Word2VecとBERT

えません。そのため、単に単語でテキストを区切るだけでなく、そのもう1
つ上位の構造として、リスト構造が必要となります。

[分析結果の配列サンプル]

```
['一', 'する', '目', 'さめる', '女', '隣', 'じいさん', ➡
'話', '始める', 'いる']
['じいさん', '前', '前', '駅', '乗る', 'いなか者']
```

**リスト5.2.2** Word2Vec 学習用データの前処理 (ch05-02-01.ipynb)

In

```python
# リスト 5.2.2
# Word2Vec 学習用データの前処理

# Janomeのロード
from janome.tokenizer import Tokenizer

# Tokenneizerインスタンスの生成
t = Tokenizer()

# テキストを引数として、形態素解析の結果、名詞・動詞・形容詞の原形のみを➡
配列で抽出する関数を定義
def extract_words(text):
    tokens = t.tokenize(text)
    return [token.base_form for token in tokens
        if token.part_of_speech.split(',')[0] in[➡
'名詞', '動詞','形容詞']]

#   関数テスト
# ret = extract_words('三四郎は京都でちょっと用があって降りたつい➡
でに。')
# for word in ret:
#   print(word)

# 全体のテキストを句点 ('。') で区切った配列にする。
sentences = text.split('。')
# それぞれの文章を単語リストに変換 (処理に数分かかります)
word_list = [extract_words(sentence) for sentence in ➡
sentences]
```

```
# 結果の一部を確認
print(word_list[0])
print(word_list[1])
```

**Out**

```
['一', 'する', '目', 'さめる', '女', '隣', 'じいさん', ➡
'話', '始める', 'いる']
['じいさん', '前', '前', '駅', '乗る', 'いなか者']
```

## ● 学習

リスト5.2.2 の結果のような「配列の配列」にデータを加工できたら、学習の前処理は完了です。

いよいよ gensim のライブラリを呼び出して学習を行います。 リスト5.2.3 にその実際のコードを示します。機械学習の常で、事前準備は結構大変だったのですが、学習は リスト5.2.3 の通り、たった2行で終わります。学習時に指定するパラメータがいろいろあるのですが、その中でも特に重要なものについて、以下で説明します。

### ● size
隠れ層のベクトルの次元数です。通常100から300程度の値を指定します。隠れ層が何だったかわからなくなった読者は 5.1 節を復習してください。

### ● min_count
モデルの内部で一番最初に行われる辞書作成時のオプションです。あまり出現頻度が少ない単語は、このWord2Vecの仕組みに合っていないので、最低数をここで定めてそれ以下の出現頻度の単語は、辞書から外します。この学習では最小値を「5個」としました。

### ● window
Word2Vecでは、入力単語の前後の単語を出力単語として学習させるのですが、前後いくつまでの単語を含めるかを、この値で決めます。この学習では「前後5個」としました。

●iter

機械学習の繰り返し回数を指定します。デフォルト値は5になっています。大量の学習データを利用する場合、この値で問題ないのですが、このサンプルのように非常に小さな学習データの場合、十分な学習とならない可能性があります。

判断の基準の1つとして、`model.dict['wv']`の値（重み行列の値）を見る方法があります。学習が不十分な場合は、ほとんどの要素の値が0に近くなっています。逆に十分な学習ができている場合は、一部の要素は例えば0.5など1に近い値を取るようになります。この値を見ながら最適な学習回数を調整してください。このサンプルの場合は「繰り返し回数＝100」が適切な値でした。

**リスト5.2.3** Word2Vec学習（ch05-02-01.ipynb）

In

```
# リスト 5.2.3
# Word2Vec 学習

# Word2Vecライブラリのロード
from gensim.models import word2vec

# size: 圧縮次元数
# min_count: 出現頻度の低いものをカットする
# window: 前後の単語を拾う際の窓の広さを決める
# iter: 機械学習の繰り返し回数(デフォルト:5)。十分学習できていないと➡
きにこの値を調整する
# model.wv.most_similarの結果が1に近いものばかりで、➡
model.dict['wv']のベクトル値が小さい値ばかりの
# ときは、学習回数が少ないと考えられる。
# その場合、iterの値を大きくして、再度学習を行う。

# 事前準備したword_listを使ってWord2Vecの学習実施
model = word2vec.Word2Vec(word_list, size=100, ➡
min_count=5,window=5,iter=100)
```

## ● 評価

最後に今作ったモデルの評価を行ってみましょう。

Word2Vecのモデルの目的は**5.1**節で説明したように、予測をすることではなく、ある単語を入力として、その単語に対応した特徴量ベクトルを作ることとなります。そこで、まず小説に出てくる単語の1つである「世間」の特徴量ベクトルを表示してみます。また、Word2Vecのモデルは、`most_similar`という関数を持っていて、特定の単語に近い単語の一覧を作ってくれます。この関数呼び出しも「世間」を引数に行ってみましょう。

**リスト5.2.4** Word2Vec 学習結果の評価 (ch05-02-01.ipynb)

In

```
# リスト 5.2.4
# Word2Vec 学習結果の評価

# 「世間」の特徴量ベクトルを調べる
print('「世間」の特徴量ベクトル')
print(model.wv['世間'])

# 「世間」の類似語を調べる
print()
print('「世間」の類似語')
for item, value in model.wv.most_similar("世間"):
    print(item, value)
```

Out

```
「世間」の特徴量ベクトル
[-2.0631525e-01 -5.6427336e-01 -3.2860172e-01  2.7130058e-01
 -1.4650674e-01 -5.6322861e-01 -5.7701540e-01 -6.4514302e-02
 -6.9130504e-01 -4.2803809e-01  1.2176584e+00  1.7059243e-01
  1.7016938e-01  2.3009580e-02 -2.0271097e-01  1.7543694e-01
  1.9792482e-01 -3.1988508e-01  9.8915547e-02  8.7512165e-01
  4.8091620e-01  2.5157458e-01  5.6702924e-01 -3.2986764e-02
 -3.4418729e-01  2.7175164e-01 -3.9091066e-01 -3.9124191e-01
  2.6470554e-01 -2.4350600e-01 -4.4127497e-01  1.9356066e-01
 -1.5384039e-01  1.1554559e-01  6.6117182e-02 -8.1873648e-02
  2.3290139e-01  4.5451452e-04 -6.1180478e-01 -3.3622450e-01
 -3.7328276e-01  3.6296451e-01 -6.1185503e-01 -5.6463885e-01
```

```
       −1.8114153e−01 −6.9639504e−01   2.5032884e−01 −7.5367577e−02
        1.3428442e−01   8.3151048e−01   4.7039416e−01   3.3282265e−01
       −9.4558948e−01 −2.8775784e−01   8.4881711e−01 −6.2909859e−01
        5.2281074e−02 −2.0229411e−01 −5.9239465e−01 −6.2684155e−01
       −4.6715361e−01   7.0190609e−01   7.6323140e−01   7.0676637e−01
       −8.4571823e−02 −3.0729219e−01 −2.4358568e−01   1.2069640e−01
       −1.8513191e−01   4.9081993e−01 −4.5375638e−02 −7.0188218e−01
        8.4035158e−02   9.7700542e−01 −4.3892115e−01 −1.1591550e−01
        3.8525590e−01 −1.2127797e−01 −1.1576248e+00 −3.2102999e−01
        5.1057315e−01   1.3233759e+00 −4.9192399e−01   1.4837715e−01
        2.0822923e−01 −2.8493622e−01   1.1636413e−01   9.4450470e−03
        2.2692282e−01 −2.9766005e−01 −6.5336484e−01   1.3592081e−01
       −2.4801749e−01 −4.9959790e−02   2.6312914e−01 −2.8645983e−01
        1.8860237e−01   2.0711431e−01   1.6297732e−01 −4.1540596e−01]

「世間」の類似語
社会 0.5667678713798523
自己 0.5409939289093018
外国 0.5182678699493408
堪える 0.5180467963218689
喝采 0.5061111450195312
決心 0.4573252201080322
交渉 0.4497407376766205
進む 0.44786447286605835
村 0.44634300470352173
活動 0.44526973366737366
```

　確かに「世間」と関係のありそうな単語が並んでいます。しかし、一点注意が必要です。それは、ここでいう「類似語」というのは、あくまで小説「三四郎」の世界の範囲内であることです。もっと一般的にどうなのかについては、次項の実習で確かめてみます。

## 🔷 5.2.2　学習済みモデルを利用する

　gensimのWord2Vecは、単語の辞書化や、One Hot Vector化などをモデルの内部でやってくれて、大変便利なのですが、それでも学習データの準備には手間がかかることが前項でわかったと思います。実は、このような事前学習がすでに済んでいて、すぐ使える状態になっているWord2Vecが公開されています。

本項では、このモデルを実際に使ってみたいと思います。

## ● モデルのダウンロード

最初のステップはモデルのダウンロードです。モデルの公開先はGoogle Drive
となっています。今までの手順ではファイルのダウンロードは極力Python API
を使っていたのですが、Google Driveの場合APIを使うとかえって手順が煩雑
になるため、GUIによるダウンロード手順を以下に示します。

まず、下記リンク先をブラウザで指定してください。

> URL  https://drive.google.com/open?id=0B0ZXk88koS2KMzRjbnE4ZHJmcWM
> 短縮URL  http://bit.ly/2srnKoy

---

📋 **MEMO**

**事前学習済みモデル**

事前学習済みモデルは他の言語版も公開されています。その一覧は、次のリンクにあ
ります。参照してください。

● **Kyubyong/wordvectors**
URL  https://github.com/Kyubyong/wordvectors

---

URLにアクセスすると、 図5.2.1 のような画面になりますので、画面右上のダ
ウンロードアイコンをクリックします。

**図5.2.1** Google Driveの画面

図5.2.2 のような確認画面となりますので、「ダウンロード」をクリックします。

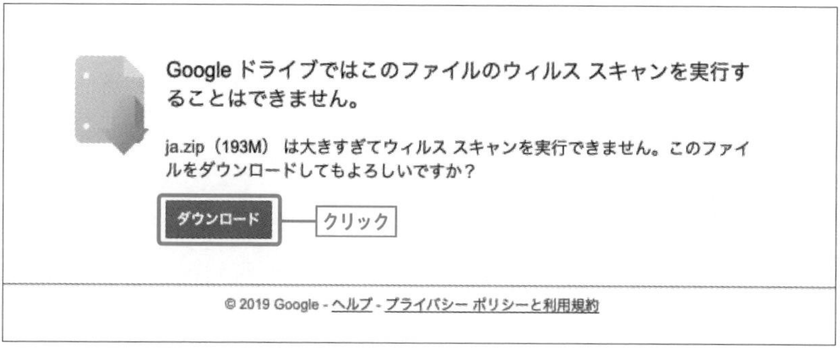
Google ドライブではこのファイルのウィルス スキャンを実行することはできません。
ja.zip（193M） は大きすぎてウィルス スキャンを実行できません。このファイルをダウンロードしてもよろしいですか？
ダウンロード
クリック
© 2019 Google - ヘルプ - プライバシー ポリシーと利用規約

図5.2.2 確認画面

ダウンロードが完了すると、ja.zipファイルができますので、このファイルを解凍してください。中に含まれている4つのファイルのうち、`ja.bin`、`ja.bin.syn0.npy`、`ja.bin.syn1neg.npy`の3つがこの先で必要になるファイルなので、作業時のカレントディレクトリに移動します。もう1つの`ja.tsv`は、以下の作業では不要です。

ダウンロードしたモデルのロードはWord2Vecの`load`関数を使って行います。リスト5.2.5の結果のように、`print`文で結果が表示されれば、ロードに成功しています。

リスト5.2.5 学習済みWord2Vecデータのロード（ch05-02-05.ipynb）

**In**

```
# リスト 5.2.5
# 学習済みWord2Vecデータのロード

import gensim
model = gensim.models.Word2Vec.load('ja.bin')
print(model)
```

**Out**

```
Word2Vec(vocab=50108, size=300, alpha=0.025)
```

モデルがロードされたら、最初に5.2.1項で学習させて作ったモデルと同じ単語「世間」に対してどのような結果を返すのか調べてみます（リスト5.2.6）。

**In**

```python
# リスト 5.2.6
# 学習済みWord2Vecの挙動を調べる

# 「世間」の特徴量ベクトルを調べる
print('「世間」の特徴量ベクトル')
print(model.wv['世間'])

# 「世間」の類似語を調べる
print()
print('「世間」の類似語')
for item, value in model.wv.most_similar("世間"):
    print(item, value)
```

**Out**

```
「世間」の特徴量ベクトル
[ 0.6131652   -0.2896212    0.776548    -0.475821   ➡
-0.4167741    0.8441589
  0.47795737 -0.07609189   1.0181203   -0.42431003 ➡
-0.8806274   -1.3818576
 -1.3584263   -1.5511903   -1.0021498   -0.5208921  ➡
1.1081258   -2.1401818
 -0.00813829 -1.2243643   -0.38963357   0.03468641 ➡
0.56095827 -0.12100194
 -0.61975145  1.5818634   -2.1746323    0.30931807 ➡
0.13887411   1.2145163

(…略…)

 -1.5207038    1.895239    1.2524551    0.28625906 ➡
-0.5383064    1.115586
 -0.34714735 -1.8286247   -0.10481921   2.0312073  ➡
0.1655612   -1.3557276
 -0.4098822    1.2888823    1.2603663   -0.3615133  ➡
-1.4935875    0.5007627
  0.39650777 -2.1086187    0.07938221  -0.24983494 ➡
-0.1974076   -0.83053577
```

Word2VecとBERT

```
   0.622786   -0.7782983   2.1352546  -2.9176097   ➡
0.8099461   1.3650602 ]

「世間」の類似語
本心 0.5424479246139526
一般大衆 0.5371387600898743
一般社会 0.521824061870575
マスコミ 0.5033861994743347
一般人 0.49983930587768555
迷信 0.4850359559059143
言動 0.4823036193847656
心底 0.45768237113952637
偏見 0.45686984062194824
嫉妬 0.4561861753463745
```

先ほどとは、だいぶ違う結果になったようです。この事前学習済みモデルでは、学習データとしてWikipediaの記事を利用している関係で、Wikipedia特有の固めの言葉が数多く出てきているようです。

最後に、この一般的なモデルを使って、5.1節で説明したような、ベクトル間の演算から第4のベクトルを導出することが本当にできるのか、実際に試してみることにします。

Word2Vecのmost_simular関数は、こういう用途で使いやすいように、positiveとnegativeのパラメータを持っています。例えば「wordA + wordB - wordCに最も近い単語は」という確認は、次の関数呼び出しで可能です。

**[関数呼び出しの例]**

```
model.wv.most_similar(positive=['wordA', wordB], ➡
negative=['wordC'])
```

さっそく、この関数を使って、

```
「日本」 -> 「東京」
「フランス」 -> 「X」
```

の中で、Xにあたる単語が何か調べてみましょう。

**In**

```
# リスト 5.2.7
# 「日本」-> 「東京」から 「フランス」-> 「X」を求める

model.wv.most_similar(positive=['東京', 'フランス'], ➡
negative=['日本'])
```

**Out**

```
[('パリ', 0.5596295595169067),
 ('アムステルダム', 0.5044834017753601),
 ('ブリュッセル', 0.5014014840126038),
 ('ウィーン', 0.49867892265319824),
 ('ルーアン', 0.49242955446243286),
 ('クラクフ', 0.48978927731513977),
 ('ストラスブール', 0.487936407327652),
 ('ベルギー', 0.48785877227783203),
 ('ナポリ', 0.4866703152656555),
 ('サンクトペテルブルク', 0.48542696237564087)]
```

うまくいきました。確かに正解である「パリ」が出てきました。

それでは、もう1つ、

「男」-> 「女」

の関係から、

「Y」-> 「妻」

を満たすYを求めてみましょう。

リスト5.2.8 「男」->「女」から「Y」->「妻」を求める

**In**

```
# リスト 5.2.8
# 「男」-> 「女」から 「Y」-> 「妻」を求める

model.wv.most_similar(positive=['妻', '男'], negative=➡
['女'])
```

**Out**

```
[('夫', 0.6135660409927368),
 ('雄', 0.5344775915145874),
 ('彦', 0.4987543821334839),
 ('娘', 0.479888379573822),
 ('郎', 0.4725583791732788),
 ('長男', 0.46775707602500916),
 ('らがいる', 0.4614781141281128),
 ('次男', 0.4535171389579773),
 ('三郎', 0.4491080045700073),
 ('後妻', 0.4475233554840088)]
```

　今度も正解である「夫」が出てきました。5.1節で説明した関係は確かに成り立っていることがわかります。

# 5.3 Word2Vec利用事例

5.1節、5.2節で見てきたように、Word2Vecは、今までのテキスト分析技術ではできなかったことを可能にする新しい技術です。どのようなユースケースで利用するかは、アイデア次第ですが、その参考となるよう、本節では具体的な利用事例を紹介します。

## 5.3.1 Word2Vecを前処理に利用した簡易分類器

5.3節の最初に、本書で学んだことの総復習を兼ねて、Word2Vecを前処理に利用した簡易分類器を作ってみましょう。実習のシナリオは、次の形にします。

- モデルの目的は、入力テキストが「歴史」に関係したトピックなのか「地理」に関連したトピックなのかを分類することとする
- Wikipediaから「歴史」に関連するトピック20件と「地理」に関連するトピック20件の「summary」を取得しこれを学習データとする
- 学習に使わない「歴史」トピック2件と「地理」トピック2件も、事前に用意しておき、このデータの分類結果で評価を行う

本項の実習コードはかなり長いものになるので、 図5.3.1 に処理フローの概要を示しました。以降のコード解説は、 図5.3.1 と見比べながら読むと理解が早くなると思います。

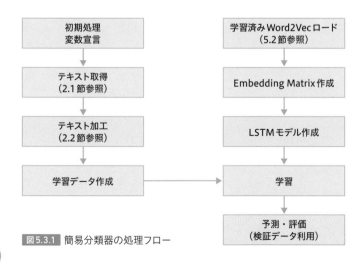

図5.3.1 簡易分類器の処理フロー

また、分類器用に作った機械学習モデルの概要は、図5.3.2 のようになります。図5.3.2 の中で最も重要なのが、Embedding と記載されているコンポーネントです。ここでは数値化された単語データをWord2Vecの重み行列に基づいてベクトル化しています。ベクトル化された単語データはLSTMと呼ばれる、時系列データの処理に適したディープラーニングモデルの入力となります。

Embeddingの仕組みを入力段階に入れることで、学習データに単語として出てこない単語も「学習データに近い入力データ」と解釈され、汎用性の高い分類モデルを作ることができるのです。

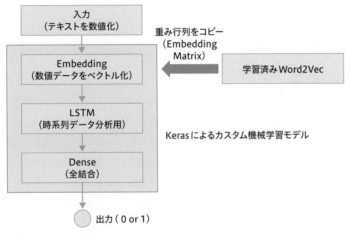

図5.3.2 簡易分類器のモデル構造

---

(!) ATTENTION

### Keras のライブラリの詳細について

本項では、今まで一切解説をしていないKerasのライブラリを数多く利用しています。これらのライブラリの詳細を説明するのは、本書の範囲を超えてしまうので、最低限の概要の説明のみに留めています。

より詳細なライブラリの機能を知りたい読者は、別途専門の資料を参照するようにしてください。

## ● 事前準備

本項の実習を行うためには、いくつかの追加ライブラリの導入が必要となります。ほとんどのライブラリは、すでに導入、解説済みのものですが、Kerasに関しては、本書で初めて登場する形になります。Kerasは依存するライブラリの数がかなり多く、導入には時間がかかりますので、注意してください。

[ターミナル]

```
$ pip install wikipedia
$ pip install janome
$ pip install gensim
$ conda install keras
```

## ● 初期化処理と変数宣言

リスト5.3.1 の初期化処理の中で重要なのは、冒頭の「Macの問題回避」の部分です。筆者が自分の環境でこれから紹介するコードのテストをしたところ、一番最後のステップのKerasで作ったモデルの学習の段階で、変数が初期化されてしまうトラブルが発生しました。その回避策のコードとなります。

変数の中で、EMBEDDING_DIMは、Word2Vecで持っている隠れ層ノードの数です。

この実習では5.2節で利用したのと同じ学習済みモデルを利用しますので、ノード数は300となります。MAX_LENは時系列データを何世代分（＝何単語分）LSTMモデル内に保持するかを示す値です。ここでは学習用テキストを確認した上で50の値を設定しています。もちろん、この値を変更してモデルを作ることも可能です。

リスト5.3.1 初期処理と変数宣言 (ch05-03-01.ipynb)

In

```
# リスト 5.3.1 初期処理と変数宣言

# Macの問題回避
import os
import platform
if platform.system() == 'Darwin':
    os.environ['KMP_DUPLICATE_LIB_OK']='True'
```

```
# waring抑止
import warnings
warnings.filterwarnings('ignore')

# Word2Vecの隠れ層ノード数
EMBEDDING_DIM = 300

# LSTMで保持する時系列データ数
MAX_LEN = 50
```

## ● テキスト取得

テキスト取得は2.1節で紹介した様々な手段のうち、簡潔なコードで済むことからWikipedia ライブラリを利用する方法を用いることにしました。

具体的なコードは リスト5.3.2 に示します。

リスト5.3.2 テキスト取得（ch05-03-01.ipynb）

**In**

```
# リスト5.3.2 テキスト取得
# wikipedia ライブラリを利用

import wikipedia
wikipedia.set_lang("ja")

# 学習データ(歴史)のタイトル
list1 = ['大和時代', '奈良時代', '平安時代', '鎌倉時代', ➡
'室町時代', '安土桃山時代', '江戸時代',
          '藤原道長', '平清盛', '源頼朝', '北条早雲', '伊達政宗', ➡
'徳川家康', '武田信玄', '上杉謙信',
          '今川義元', '毛利元就', '足利尊氏', '足利義満', ➡
'北条泰時']

# 学習データ(地理)のタイトル
list2 = ['東北地方', '関東地方', '中部地方', '近畿地方', ➡
'中国地方', '四国地方', '九州地方',
          '北海道', '秋田県', '福島県', '宮城県', '新潟県', ➡
'長野県', '山梨県', '静岡県', '愛知県',
```

```
                    '栃木県', '群馬県', '千葉県', '神奈川県']

# テストデータのタイトル
list3 = ['織田信長', '豊臣秀吉', '青森県', '北海道']

# それぞれのタイトルに対してWikipediaのsummaryを取得し、配列に保存
list1_w = [wikipedia.summary(item) for item in list1]
list2_w = [wikipedia.summary(item) for item in list2]
list3_w = [wikipedia.summary(item) for item in list3]

# すべての取得結果を 1つのlistに集約
list_all_w = list1_w + list2_w + list3_w
```

## ● テキスト加工

　テキストを、単語毎にブランクで区切った形に加工します。2.2節で学んだ形態素解析の技術を利用します。2.2節ではMeCabとJanomeの2つの方法を説明しましたが、ここでは処理を簡潔にするため、Janomeを使うことにします。

**リスト 5.3.3** テキストに対して単語毎にブランクを入れる (ch05-03-01.ipynb)

**In**

```
# リスト 5.3.3 テキストに対して単語毎にブランクを入れる
# 形態素解析としてJanomeを利用

from janome.tokenizer import Tokenizer
t = Tokenizer()
def wakati(text):
    w = t.tokenize(text, wakati=True)
    return ' '.join(w)

list1_x = [wakati(w) for w in list1_w]
list2_x = [wakati(w) for w in list2_w]
list3_x = [wakati(w) for w in list3_w]
list_all_x = list1_x + list2_x + list3_x
```

## ● 学習データ作成

ここまでに準備したブランク付きのテキストデータを、学習データに変換します。

テキストデータを機械学習モデルの入力にする場合、One Hot Vector と呼ばれる 0 と 1 の値のみを持つベクトルに変換する方法がよく用いられますが、この実習では入力に Embedding と呼ばれる部品を用いるため、その必要はありません。その代わりに、学習データや検証データに含まれるすべての単語を辞書登録して、個々の単語を辞書の index としての整数値に変換します。変換処理は Keras のライブラリ関数 (`texts_to_sequences`) を用いることにします。また、これと別にそれぞれのテキストデータに対応する正解データ（歴史: 0、地理: 1）の配列も用意しておきます。

**リスト5.3.4** 学習データ作成 (ch05-03-01.ipynb)

In

```
# リスト 5.3.4 学習データ作成

import numpy as np
from keras.preprocessing.text import Tokenizer
from keras.preprocessing.sequence import pad_sequences

tokenizer = Tokenizer()

# 学習・検証で使う全テキストを引数にして辞書を作成する
tokenizer.fit_on_texts(list_all_x)

# 単語一覧を取得
word_index = tokenizer.word_index

# 総単語数を取得
num_words = len(word_index)
print('総単語数: ', num_words)

# 変換前の検証用テキスト確認
print('変換前テキスト: ', list3_x[0])

# テキストの数値化
sequence_test = tokenizer.texts_to_sequences(list3_x)
```

```
# 変換結果確認
print('変換後: ', sequence_test[0])

# 単語のパディング(短いときは0で埋める、長いときは途中で切る)
sequence_test = pad_sequences(sequence_test, ➡
maxlen=MAX_LEN)

# 変換結果確認
print('パディング後: ', sequence_test[0])

# 学習データに対しても同じ変換を行う
sequence_train = tokenizer.texts_to_sequences(list1_x ➡
+ list2_x)
sequence_train = pad_sequences(sequence_train, ➡
maxlen=MAX_LEN)

# 正解データ作成
# y = 0: 歴史
# y = 1: 地理

Y_train = np.array([0] * len( list1_x) + [1] * ➡
len( list2_x))
Y_test = np.array([0] * 2 + [1] * 2)
print('正解データ(学習用): ', Y_train)
print('正解データ(検証用): ', Y_test)
```

**Out**

```
総単語数: 1463
変換前テキスト: 織田　信長 ( おだ　のぶ な が 、1534 年 – ➡
1582 年 ) は 、戦国 時代 から 安土 桃山 時代 にかけて の 武将 、➡
戦国 大名 、天下 人 。
変換後: [130, 98, 7, 1369, 296, 38, 13, 2, 1370, 21, ➡
1371, 21, 8, 4, 2, 37, 16, 27, 189, 190, 16, 207, 1, ➡
73, 2, 37, 43, 2, 136, 100, 3]
パディング後: [  0    0    0    0    0    0    0    0➡
    0    0    0    0    0    0
    0    0    0    0    0  130   98    7 1369  296  ➡
 38   13    2 1370
```

```
    21 1371   21    8    4    2   37   16   27  189  ➡
190   16  207    1
    73    2   37   43    2  136  100    3]
正解データ(学習用): [0 0 0 0 0 0 0 0 0 0 0 0 0 0 0 0 0 0 0 0 0 ➡
0 0 1 1 1 1 1 1 1 1 1 1 1 1 1 1 1 1 1 1 1
 1 1 1]]
正解データ(検証用): [0 0 1 1]
```

## ● 学習済み Word2Vec のロード

以上で、 図5.3.1 の学習データ作成に至る図の左側の流れは完了です。

次に右側のモデル作成の流れに入ります。最初のタスクは、学習済み Word2Vec のロードです。このタスクは、5.2 節で説明したものとまったく同じなので、説明は省略し、コードの再提示のみ行います( リスト5.3.5 )。

リスト5.3.5 学習済み Word2Vec ロード(ch05-03-01.ipynb)

In

```python
# リスト 5.3.5 学習済み Word2Vec ロード

# ja.bin ファイルの準備方法は 5.2 節を参照のこと

import gensim
word_vectors = gensim.models.Word2Vec.load('ja.bin')
print(word_vectors)
```

Out

```
Word2Vec(vocab=50108, size=300, alpha=0.025)
```

## ● Embedding Matrix 作成

分類モデル作成のための次のタスクは、Embedding Matrix 作成です。このタスクを一言で表現すると、「Word2Vec の重みベクトルをすべてコピーした行列を作る」ということになります。このことを念頭に置いて、 リスト5.3.6 のコードを見ると、「何を行っているか」というイメージが持てるはずです。

Embedding Matrix 作成 (ch05-03-01.ipynb)

In

```python
# リスト 5.3.6 Embedding Matrix作成
import numpy as np

# num_words: 辞書作成時に検出された単語数 (リスト 5.3.4)
# EMBEDDING_DIM: Word2Vec 隠れ層のノード数 (リスト 5.3.1)
# メモリー領域節約のため、float32を利用します
embedding_matrix = np.zeros((num_words+1, ➡
EMBEDDING_DIM), dtype=np.float32)

# Embedding MatrixにWord2Vecの重みベクトル値をコピー
for word, i in word_index.items():
    if word in word_vectors.wv.vocab:
        embedding_matrix[i] = word_vectors[word]
```

## ● LSTM モデル作成

先ほど定義したEmbedding Matrix を利用してモデルの定義を行います。モデル定義は、Kerasのシーケンシャルという方法を使って行います。詳細なKerasのフレームワーク利用法については、別途専門書を参照してください。

なお、 リスト5.3.7 を実行すると大量のワーニングメッセージが表示されますが、実害はないので、気にしなくて結構です。

リスト5.3.7 LSTM モデル作成 (ch05-03-01.ipynb)

In

```python
# リスト 5.3.7 LSTMモデル作成

from keras.models import Sequential
from keras.layers import Embedding, Dense, LSTM

model = Sequential()
model.add(Embedding(num_words+1,
                    EMBEDDING_DIM,
                    weights=[embedding_matrix],
                    trainable=False))
model.add(LSTM(units=32, dropout=0.2, ➡
recurrent_dropout=0.2))
```

```
model.add(Dense(1, activation='sigmoid'))
model.compile(loss='binary_crossentropy', optimizer=➡
'adam', metrics=['accuracy'])
model.summary()
```

**Out**

```
WARNING: Logging before flag parsing goes to stderr.
W0908 18:49:59.161878 4563539392 deprecation_wrapper.py➡
:119] From /miniconda3/lib/python3.7/site-packages/kera➡
s/backend/tensorflow_backend.py:74: The name tf.get_def➡
ault_graph is deprecated. Please use tf.compat.v1.get_d➡
efault_graph instead.

W0908 18:49:59.232821 4563539392 deprecation_wrapper.py➡
:119] From /miniconda3/lib/python3.7/site-packages/kera➡
s/backend/tensorflow_backend.py:517: The name tf.placeh➡
older is deprecated. Please use tf.compat.v1.placeholde➡
r instead.

(…略…)


Layer (type)                    Output Shape             ➡
Param #
=========================================================
embedding_1 (Embedding)         (None, None, 300)        ➡
439200

lstm_1 (LSTM)                   (None, 32)               ➡
42624

dense_1 (Dense)                 (None, 1)                33
=========================================================
Total params: 481,857
Trainable params: 42,657
Non-trainable params: 439,200
```

参考までに、ここで作ったモデルを、Kerasの`plot_model`関数を使ってグラフ表示した結果は、図5.3.3のようになります。

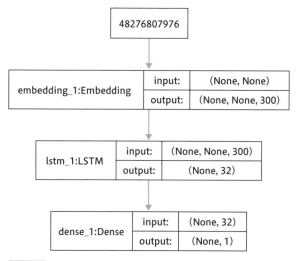

図5.3.3 モデルの構造図

## ● 学習

ここまでのステップで学習データと学習モデルの両方の準備が整いました。次のステップは学習になります。具体的なコードは リスト5.3.8 のようになります。

リスト5.3.8 学習（ch05-03-01.ipynb）

In

```
# リスト 5.3.8 学習

# モデル学習の実施
model.fit(sequence_train, Y_train,validation_data=(
    sequence_test, Y_test), batch_size=128, verbose=1, ➡
epochs=100)
```

**Out**

```
Train on 40 samples, validate on 4 samples
Epoch 1/100
40/40 [==============================] - 6s 140ms/step ⇒
- loss: 0.7042 - acc: 0.5000 - val_loss: 0.5959 - val_⇒
acc: 0.5000
Epoch 2/100
40/40 [==============================] - 0s 4ms/step ⇒
- loss: 0.6778 - acc: 0.5750 - val_loss: 0.5640 - val_⇒
acc: 0.5000
Epoch 3/100
40/40 [==============================] - 0s 5ms/step ⇒
- loss: 0.6243 - acc: 0.6500 - val_loss: 0.5356 - val_⇒
acc: 1.0000
Epoch 4/100
40/40 [==============================] - 0s 5ms/step ⇒
- loss: 0.5761 - acc: 0.7000 - val_loss: 0.5114 - val_⇒
acc: 1.0000
Epoch 5/100
40/40 [==============================] - 0s 5ms/step ⇒
- loss: 0.5209 - acc: 0.8500 - val_loss: 0.4911 - val_⇒
acc: 1.0000

(…略…)

Epoch 96/100
40/40 [==============================] - 0s 5ms/step ⇒
- loss: 0.0075 - acc: 1.0000 - val_loss: 0.0099 - val_⇒
acc: 1.0000
Epoch 97/100
40/40 [==============================] - 0s 7ms/step ⇒
- loss: 0.0069 - acc: 1.0000 - val_loss: 0.0097 - val_⇒
acc: 1.0000
Epoch 98/100
40/40 [==============================] - 0s 5ms/step ⇒
- loss: 0.0067 - acc: 1.0000 - val_loss: 0.0094 - val_⇒
acc: 1.0000
Epoch 99/100
```

```
40/40 [==============================] - 0s 5ms/step ➡
- loss: 0.0068 - acc: 1.0000 - val_loss: 0.0092 - val_➡
acc: 1.0000
Epoch 100/100
40/40 [==============================] - 0s 8ms/step ➡
- loss: 0.0072 - acc: 1.0000 - val_loss: 0.0090 - val_➡
acc: 1.0000

<keras.callbacks.History at 0x1a62441240>
```

## ● 予測・評価

最後にこうやって作られた簡易分類器を使って、学習に使っていない4件のテストデータの評価を行います。

**リスト5.3.9** 予測・評価 (ch05-03-01.ipynb)

**In**

```
# リスト 5.3.9 予測・評価

# 検証データの内容
for text in list3_w:
    print(text)

# 評価
model.predict(sequence_test)
```

**Out**

織田 信長（おだ のぶなが、1534年–1582年）は、戦国時代から安土桃山時代➡
にかけての武将、戦国大名、天下人。
豊臣 秀吉（とよとみ ひでよし ）、または羽柴 秀吉（はしば ひでよし）は、戦➡
国時代から安土桃山時代にかけての武将、大名。天下人、(初代) 武家関白、太閤。➡
三英傑の一人。
初め木下氏で、後に羽柴氏に改める。皇胤説があり、諸系図に源氏や平氏を称した➡
ように書かれているが、近衛家の猶子となって藤原氏に改姓した後、正親町天皇か➡
ら豊臣氏を賜姓されて本姓とした。
尾張国愛知郡中村郷の下層民の家に生まれたとされる（出自参照）。当初、今川家➡
に仕えるも出奔した後に織田信長に仕官し、次第に頭角を現した。信長が本能寺の➡

変で明智光秀に討たれると「中国大返し」により京へと戻り山崎の戦いで光秀を破➡
った後、清洲会議で信長の孫・三法師を擁して織田家内部の勢力争いに勝ち、信長➡
の後継の地位を得た。大阪城を築き、関白・太政大臣に就任し、朝廷から豊臣の姓➡
を賜り、日本全国の大名を臣従させて天下統一を果たした。天下統一後は太閤検地➡
や刀狩令、惣無事令、石高制などの全国に及ぶ多くの政策で国内の統合を進めた。➡
理由は諸説あるが明の征服を決意して朝鮮に出兵した文禄・慶長の役の最中に、嗣➡
子の秀頼を徳川家康ら五大老に託して病没した。秀吉の死後に台頭した徳川家康➡
が関ヶ原の戦いで勝利して天下を掌握し、豊臣家は凋落。慶長19年（1614年）➡
から同20年（1615年）の大坂の陣で豊臣家は江戸幕府に滅ぼされた。
墨俣の一夜城、金ヶ崎の退き口、高松城の水攻め、中国大返し、石垣山一夜城など➡
が機知に富んだ功名立志伝として知られる。
青森県（あおもりけん）は、日本の本州最北端に位置する行政区画及び地方公共➡
団体。県庁所在地は青森市である。県の人口は全国31位、面積は全国8位。令制➡
国の陸奥国（むつのくに、りくおうのくに）北部にあたる。
北海道（ほっかいどう）は、日本の北部に位置する島。また、日本の行政区画及び➡
同島とそれに付随する島を管轄する地方公共団体である。島としての北海道は日➡
本列島を構成する主要4島の一つである。地方公共団体としての北海道は47都道➡
府県中唯一の「道」である。ブランド総合研究所による「都道府県の魅力度ランキ➡
ング」で2018年現在、10年連続で1位に選ばれた。道庁所在地及び最大の都市は➡
札幌市。

```
array([[0.00697458],
       [0.01610938],
       [0.9919727 ],
       [0.9953871 ]], dtype=float32)
```

　結果を見るとわかる通り、4件すべて正解であっただけでなく、かなり高い確
信度で分類ができています。これはWord2Vecでモデルの前処理を行った効果
であると考えられます。

## 5.3.2　商用APIの内部で利用

　次のWeb記事にアクセスして内容を確認してください。この記事は、チャッ
トボット用の商用AIとして有名なマイクロソフト社の「りんな」と呼ばれるサー
ビスの内部構造に関する記事です。

● **ITmedia NEWS**：「ついに明かされる「りんな」の"脳内"
マイクロソフト、「女子高生AI」の自然言語処理アルゴリズムを公開」
URL  https://www.itmedia.co.jp/news/articles/1605/27/news110.html

図5.3.4 にその内部構造を示していますが、この図を見るとわかるように、次のテーマを決めるための基準の1つとして、Word2Vecによる類似度が使われています。併せて紹介すると、本書の3.4節で紹介したTF-IDFも評価基準の1つとして利用されています。

チャットワーカー

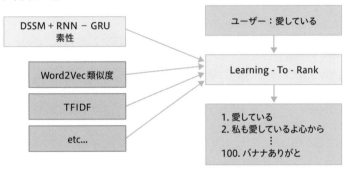

図5.3.4 「りんな」の内部構造

同じような形で、テキスト文書を対象とする商用APIのほとんどでは、前処理でWord2Vecまたは、5.4節で紹介するWord2Vec同等機能のサービスが利用されていると考えられます。

### 5.3.3　リコメンドシステムへの応用

次に紹介するのは、以下のリンクに記載されている、実業務への応用例です。

● **リクルート式　自然言語処理技術の適応事例紹介**
URL  https://www.slideshare.net/recruitcojp/ss-56150629

基本的な考え方として、通常のリコメンドシステムに、Word2Vecの類似度の考え方を加味し、Word2Vecとして類似度の高い商品をリコメンドすることで、より高い効果が得られたということになります。

# 5.4 Word2Vec関連技術

Word2Vecは、従来のテキスト分析技術の枠を超えた技術だったのですが、その後、同じような考え方で新しい分析技術がいくつか出てきました。本節では、その代表的なものを紹介します。

## 🔷 5.4.1 Glove

Word2Vecの考え方ができてすぐに、Word2Vecの欠点を補う方式として提案されたのが、これから紹介するGloveになります。

Word2Vecで実現できていない分析要件として、Windowサイズを超えた単語間の関係を表現できないということがあります。従来からの技術の1つで、共起行列と呼ばれる同じ文書間で2つの単語が同時に出現する回数をカウントし、それをSVDと呼ばれる数学的手法で次元圧縮する方法がありました。

**表5.4.1** 共起行列の例

**[共起行列用の文書例]**

- I like deep learning.
- I like NLP.
- I enjoy flying.

| counts | I | like | enjoy | deep | learning | NLP | flying | . |
|---|---|---|---|---|---|---|---|---|
| I | 0 | 2 | 1 | 0 | 0 | 0 | 0 | 0 |
| like | 2 | 0 | 0 | 1 | 0 | 1 | 0 | 0 |
| enjoy | 1 | 0 | 0 | 0 | 0 | 0 | 1 | 0 |
| deep | 0 | 1 | 0 | 0 | 1 | 0 | 0 | 0 |
| learning | 0 | 0 | 0 | 1 | 0 | 0 | 0 | 1 |
| NLP | 0 | 1 | 0 | 0 | 0 | 0 | 0 | 1 |
| flying | 0 | 0 | 1 | 0 | 0 | 0 | 0 | 1 |
| . | 0 | 0 | 0 | 0 | 1 | 1 | 1 | 0 |

この方法の弱点は、データ量が増えると計算量が膨大になり、対応できなくなることです。

Gloveは、Word2Vecと共起行列SVD化の2つの手法のいいところを取り入れた手法で、離れた場所の単語間の関係を表現できる上に、比較的短時間で計算が可能です。現在では、Word2Vecの代わりに利用されていることもある技術となります。

## 5.4.2　fastText

Word2VecやGloveでは、分析対象の最小単位は単語になります。しかし、語幹が共通の単語は意味が似ているなど、単語の内部構造に着目するとより詳しい分析が可能になります。この考えに基づいてできた仕組みがfastTextになります。

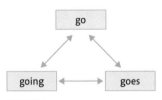

**図5.4.1** goに関連した3つの単語

**図5.4.1** を見てください。3つの単語「go」「going」「goes」はもともと同じ動詞「go」から派生してできた単語で、意味的にはとても近い関係にあります。しかし、Word2Vecの手法では、これらは別の単語と認識されてしまうため、この関係性を分析手法に明示的に取り込むことができません。

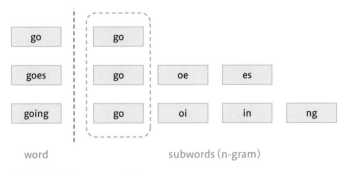

word　　　　　　　　　　subwords (n-gram)

**図5.4.2** 単語のn-gram表現

この課題を解決するための1つの方法が、**図5.4.2** に示されるようなn-gramと呼ばれる、単語を短い語のグループに分割して捉える方法です。

このような分割を行うと、例で挙げた3つの語はいずれも共通の語幹「go」を持つ語として、意味の近さを最初から表現することが可能となります。このような考えを取り入れて作った分析手法がfastTextということになります。

## ● fastTextを使ってみる

fastTextに関しては、日本語の事前学習済みモデルが公開されているので、こちらを利用したサンプルコードを紹介します。

## ● モデルファイルのダウンロード

モデルファイルは以下のリンク先に公開されています。ダウンロード手順は5.2節で紹介した方法と同じですので、そちらを参照してください。ダウンロードしたzipファイルを解凍すると、`model.vec`ファイルができるので、このファイルをJupyter Notebookのあるディレクトリと同じ階層に移動してください。

- **vector_neologd.zip**
  URL https://drive.google.com/open?id=0ByFQ96A4DgSPUm9wVWRLdm5qbmc

## ● 必要ライブラリ

必要ライブラリは5.2節と同様に`gensim`です。まだ導入していない場合は、次のコマンドで導入してください。

[ターミナル]

```
$ pip install gensim
```

## ● 利用するサンプルコード

ここまでの準備ができれば、非常に簡単に利用できます。 リスト5.4.1 にサンプルコードとその結果を記載します。

**In**

```python
# リスト 5.4.1 事前学習済み fastText 利用サンプル

# モデルファイルのロード
import gensim
model = gensim.models.KeyedVectors.load_word2vec_format➡
('model.vec', binary=False)
print(model)

# 「世間」の特徴量ベクトルを調べる
print('「世間」の特徴量ベクトル')
print(model['世間'])

# 「世間」の類似語を調べる
print()
print('「世間」の類似語')
for item, value in model.most_similar("世間"):
    print(item, value)

# 「日本」−>「東京」から「フランス」−>「X」を求める
model.most_similar(positive=['東京', 'フランス'], ➡
negative=['日本'])
```

**Out**

```
<gensim.models.keyedvectors.Word2VecKeyedVectors object ➡
at 0x1a361e2978>
「世間」の特徴量ベクトル
[-1.1506e-01 -1.0583e-01 -2.4785e-01  4.7711e-02 ➡
-2.6220e-02  1.4092e-01
  1.9899e-01  1.4590e-01 -1.0638e-01  9.8768e-02  ➡
1.4652e-02 -5.8634e-02
  2.6814e-01 -1.0366e-01  3.5728e-01 -2.9486e-02 ➡
-7.3661e-02 -2.8939e-01
  2.7001e-01 -2.3144e-01 -5.9499e-02  2.2983e-01  ➡
1.9749e-01  2.0851e-02
  2.9852e-02  8.5426e-02  1.2522e-01  6.8352e-02  ➡
1.8051e-01 -5.1769e-02
```

```
   1.1419e-01 -1.6506e-01 -3.1969e-01  5.0779e-01 ➡
-5.8382e-02  2.5845e-01
   1.5132e-01  1.8439e-01  8.1836e-03  5.0382e-02 ➡
-4.9251e-02  5.4424e-02

(…略…)

   1.5644e-01  2.9172e-01 -7.9055e-02  1.0167e-01 ➡
-3.7584e-01 -2.4217e-02
   3.6736e-01 -6.6060e-02  1.9501e-02  1.0949e-01 ➡
-1.8656e-01  2.2306e-02
   2.8240e-01  1.9600e-01  3.2765e-01 -5.2493e-01 ➡
2.1396e-01  1.3809e-01
  -1.4817e-01  8.6668e-02  1.0810e-01 -1.3650e-01 ➡
-1.2574e-01 -3.9307e-01
  -1.1807e-01 -7.2563e-02  1.1017e-01 -6.0860e-02 ➡
6.8336e-02 -5.8128e-02]
```

「世間」の類似語
マスコミ 0.5943871140480042
耳目 0.5603636503219604
騒がせ 0.5433274507522583
一般社会 0.5300251245498657
世の中 0.524024486541748
世人 0.5222028493881226
一般大衆 0.5205386877059937
騒がせる 0.5155889987945557
マスメディア 0.5078743696212769
知れ渡っ 0.5003979206085205

```
[('パリ', 0.6681745052337646),
 ('トゥールーズ', 0.5696516036987305),
 ('コートダジュール', 0.5662188529968262),
 ('パリ郊外', 0.5582724809646606),
 ('ストラスブール', 0.5577619671821594),
 ('リヨン', 0.5561243295669556),
 ('サン=クルー', 0.5510094165802002),
 ('ディジョン', 0.5456872582435608),
 ('ボルドー', 0.5447908639907837),
 ('マルセイユ', 0.5429384112358093)]
```

5.2.2項の結果と比較すると、同じテストケースで、より実感に近く、こなれた結果を返す傾向が読み取れると思います。

## 5.4.3　Doc2Vec

Word2Vecによるベクトル化の考え方はテキスト分析において大変便利なのですが、単語でなく、より大きな単位である文章やパラグラフを対象にベクトル化を行いたいという要件が時々あります。このような要件に対応した仕組みの1つがこれから紹介するDoc2Vecになります。

Doc2VecもWord2Vec同様、2つの異なる実装方式があります。

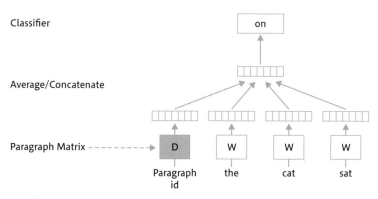

**図5.4.3** PV-DM (Paragraph Vector: A distributed memory model)

**図5.4.3** がそのうちの1つである、PV-DM (Paragraph Vector: A distributed memory model) の実装方式を概念的に示したものです。このモデルでは、文書IDと、いくつかの単語を入力として、その次の単語を予測するモデルの学習を行います。

● 『**Distributed Representations of Sentences and Documents**』
　URL　https://cs.stanford.edu/~quocle/paragraph_vector.pdf

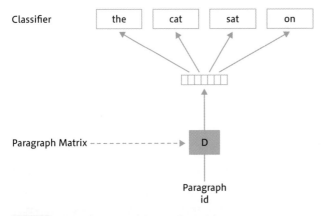

**図5.4.4** DBoW (Distributed Bag of Words)

もう1つのモデルが、 **図5.4.4** に示される、DBoW（Distributed Bag of Words）と呼ばれる方式です。この方式の場合、文書IDを入力とし、そこから文書内でランダムに選択された単語を予測するモデルを学習します。

　一般的に、PV-DMのほうが精度が高いのに対して、DBoW のほうが少ないメモリで実装が可能と言われており、必要に応じて両者を使い分ける形になります。

# 5.5 転移学習とBERT

転移学習と注目の技術BERTについて解説します。

　ディープラーニング固有の学習データ量の問題に対応するため、出てきた考え方が転移学習です。すでに画像認識の世界では、公開されている事前学習済みデータがあり、それらを活用した転移学習の事例もまた数多く報告されています。

　これから紹介するBERTは、この転移学習の考え方をテキスト分析の世界に適用することを意図して作られた画期的な仕組みです。非常に高度な内容を数多く含んでいるので、その全貌を簡単に説明することはできませんが、本節ではその考え方の一端と、どのような結果を出しているかについて、紙面の許す範囲で紹介します。

## 5.5.1 画像認識と転移学習

　ディープラーニングは、深い層のニューラルネットワークを作ることで、自由度が多くなり、高い精度のモデルが作れるようになって大変注目を浴びています。一方でディープラーニング固有の新たな課題として学習量の問題があります。ニューラルネットワークを深くすればするだけ、膨大な量の学習データが必要になり、その対応ができなくなっているのです。このディープラーニング最大の課題への解決策として提唱され、すでに多くの実績を出している方式が転移学習と呼ばれる方式になります。

図5.5.1 通常のディープラーニング

図5.5.1 を見てください。これは、典型的な、画像認識（画像分類）を行うためのニューラルネットワークです。

画像認識のニューラルネットワークでは、中間層のノードでは、直線や図形といった、画像認識のための要素にあたる部分の特徴量抽出にあたる処理が行われていると言われています。このような特徴量の抽出は実は汎用的なものになっていて、まったく別の認識タスクであっても、同じ中間層のネットワークがそのまま使えるのではないかというのが、転移学習の基本的なアイデアです。

【事前学習フェーズ】

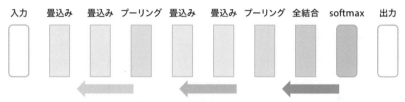

大量データで学習（学習データは最終目的と違って可）

【転移学習フェーズ】

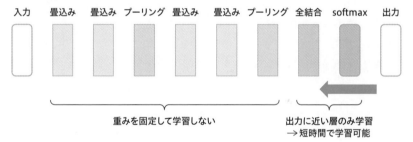

重みを固定して学習しない　　出力に近い層のみ学習
　　　　　　　　　　　　　　　→短時間で学習可能

図5.5.2 転移学習における事前学習フェーズと転移学習フェーズ

図5.5.2 を見てください。これが、転移学習の仕組みを模式的に表したものです。

事前学習フェーズでは、大量データを利用した一般的な分類タスクで、事前学習を行います。ポイントは、事前学習で行う分類タスクは、最終的な目的の分類とは別のものでかまわないという点です。

転移学習フェーズでは、最終的な目的となる分類タスクの学習を行うのですが、このときに入力層に近い部分の層に関しては、学習は一切行わないようにします。もともと、ディープラーニングの学習で特に時間がかかるのが、入力に近い層なので、ここの学習を省くことで、学習時間・学習量を画期的に減らすことができるのです。

画像認識を目的とした事前学習済みモデルに関しては、すでにいくつかのものが公開されています。その中でも特によく利用されているVGG19と呼ばれるモデルは、次のような条件のモデルとなります。

- ニューラルネットワークの層の深さ：19層
- 学習に利用した画像数：100万枚
- 学習時の分類タスクのクラス数：1000クラス（キーボード、マウス、鉛筆、動物など）

### 5.5.2 BERTの特徴

上で説明したように、画像認識の世界では、転移学習は画期的な成功を収めました。この転移学習の考え方をテキスト分析の領域でも利用できないかというアイデアに基づいて実装され、成功を収めたモデルがBERT（Bidirectional Encoder Representations from Transformers）ということになります。

BERTの特徴を簡単にまとめると以下の通りです。

- 汎用的に利用可能な事前学習
- 様々な適用分野
- 最新の研究成果に基づくニューラルネットワークモデル

### 5.5.3 汎用的に利用可能な事前学習

BERTの事前学習は、次の2つの形で行われます。ポイントは、どちらの学習も教師あり学習でありながら、膨大な自然言語文のテキストデータさえあれば、そこから自動的に教師データが作れる点です。このことにより、教師あり学習の最大の課題である、「教師データをどうやってつくるのか」という問題をクリアしているのです。実際の学習時には、次の2種類の学習が同時に行われる形になります。

#### ● 学習法1　単語当てゲーム

対象文のうち、特定の比率でランダムに選択された単語群をマスクします。同じように特定の比率で一部の単語をわざと別のものに置き換えます。そして、このマスク・間違えた単語の元の単語を正解値とした「単語あてゲーム」を学習さ

せます。このような学習を数多くすることにより、文書全体と、それを構成する特定の単語の関係が学習されることになります（図5.5.3）。

**図5.5.3** マスク学習の予測

## ● 学習法2　隣接文当てゲーム

　ある対象文があったとき、その次の文章を当てる「隣接文あてゲーム」を学習させます。具体的には、正解の文章と、ランダムな関係ない文章を1/2ずつの確率で与えて、「隣接文かそうでないか」を分類するタスクの学習を行います。このような学習を数多くすることで、「文脈」にあたる情報がニューラルネットワークに蓄積されていくことになります（図5.5.4）。

予測する（隣接文当てゲーム）

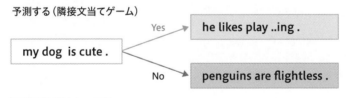

**図5.5.4** 隣接文の予測

## ● 具体的な学習データの様子

　より具体的な学習データのイメージを 図5.5.5 に示します。入力テキストは、Token、Segment、Positionの3通りのEmbeddingにより数値化され、実際のモデルの入力となります。

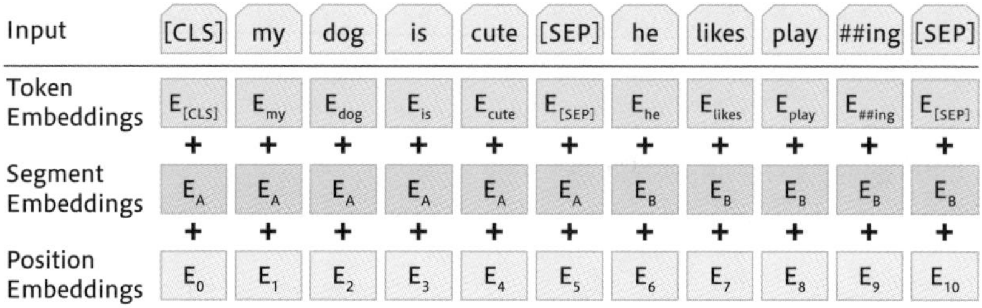

| Input | [CLS] | my | dog | is | cute | [SEP] | he | likes | play | ##ing | [SEP] |
|---|---|---|---|---|---|---|---|---|---|---|---|
| Token Embeddings | $E_{[CLS]}$ | $E_{my}$ | $E_{dog}$ | $E_{is}$ | $E_{cute}$ | $E_{[SEP]}$ | $E_{he}$ | $E_{likes}$ | $E_{play}$ | $E_{\#\#ing}$ | $E_{[SEP]}$ |
| | + | + | + | + | + | + | + | + | + | + | + |
| Segment Embeddings | $E_A$ | $E_A$ | $E_A$ | $E_A$ | $E_A$ | $E_A$ | $E_B$ | $E_B$ | $E_B$ | $E_B$ | $E_B$ |
| | + | + | + | + | + | + | + | + | + | + | + |
| Position Embeddings | $E_0$ | $E_1$ | $E_2$ | $E_3$ | $E_4$ | $E_5$ | $E_6$ | $E_7$ | $E_8$ | $E_9$ | $E_{10}$ |

**図5.5.5** 入力テキストのエンコード

出典 『BERT: Pre-training of Deep Bidirectional Transformers for Language Understanding』(Jacob Devlin、Ming-Wei Chang、Kenton Lee、Kristina Toutanova、2019) のFigure 2より引用
URL https://arxiv.org/abs/1810.04805

　実際の学習時には、「単語当てゲーム」のため、このデータに対してマスクがかけられます。

　マスクは、[MASK] という特殊なラベルで入力段階でわかる場合と、ランダムな文字の置き換えで、すぐにはわからない場合があります（ 表5.5.1 の例でいうと Posistion = 2の［book］）。マスクのかかった文字と、置き換えられた文字に対しては「単語当てゲームの正解データ」という形で、教師データがモデルに与えられます（ 表5.5.2 ）。

**表5.5.1** 学習データの様子

| Input | | my | dog | is | cute | . | he | likes | play | ..ing | . |
|---|---|---|---|---|---|---|---|---|---|---|---|
| Token | [CLS] | [my] | [book] | [is] | [cute] | [SEP] | [he] | [MASK] | [play] | [..ing] | [SEP] |
| Segment | 0 | 0 | 0 | 0 | 0 | 0 | 1 | 1 | 1 | 1 | 1 |
| Position | 0 | 1 | 2 | 3 | 4 | 5 | 6 | 7 | 8 | 9 | 10 |

※Tokenの［my］などには、実際には辞書により特定される整数値が入ります。また、[CLS]、[SEP]、[MASK] は最初から特別な意味を持つID値です。

**表5.5.2** 「単語当てゲーム」の正解データの様子

| n | 0 | 1 |
|---|---|---|
| masked_lm_positions | 2 | 7 |
| masked_lm_ids | [dog] | [likes] |

※これ以外に2つの文がつながりがある（=0）、つながりがない（=1）という情報も、「単語当て」と別の種類の正解データとして与えられます。

　 図5.5.6 に事前学習時のニューラルネットワークの様子を示しました。Tと書かれている部分からはTokenが、Cと書かれている部分からは数値が出力されます。

Tokenを出力する部分を使って「単語当てゲーム」の学習をします（Mask LM）。数値を出力する部分を使って「隣接文当てゲーム」の学習をします（NSP）。

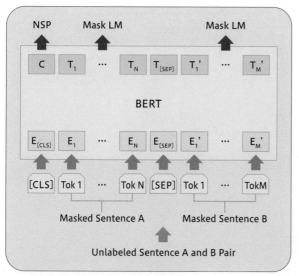

**Pre-training**

**図5.5.6** 事前学習時のニューラルネットワーク

出典 『BERT: Pre-training of Deep Bidirectional Transformers for Language Understanding』（Jacob Devlin、Ming-Wei Chang、Kenton Lee、Kristina Toutanova、2019）のFigure 1（左部分）より引用

URL https://arxiv.org/abs/1810.04805

## 5.5.4 様々な適用分野

事前学習の済んだBERTの機械学習モデルは、

- ●入力：連続する2つの自然言語文
- ●出力：数値ベクトル（C）とテキスト（$T_1$, $T_2$, ..., $T_N$）

という形になっています。

　このモデルの入力、出力の形態をうまく使い分けて転移学習（ファインチューニングと呼ばれる場合もあります）することで、様々な適用分野に対して活用することができるようになりました。その具体例をこれから見ていきます。

## ● 分類型

適用分野の中でも最もわかりやすい、分類型モデルとして利用した例を
図5.5.7 に示します。この場合、入力は単一の文章、出力はCのノードから分類
結果が得られる形になります。また、入力を隣接する2つの文章として、そこか
ら分類をするような利用パターンもあります。

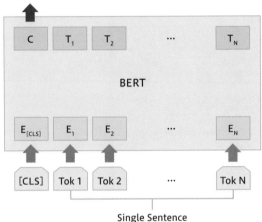

**図5.5.7** 分類型の利用時

出典 『BERT: Pre-training of Deep Bidirectional Transformers for Language Understanding』
（Jacob Devlin、Ming-Wei Chang、Kenton Lee、Kristina Toutanova、2019）のFigure 4（右
上部分）より引用

URL https://arxiv.org/abs/1810.04805

## ● タグ付け

図5.5.8 では入力は 図5.5.7 と同じ単一文ですが、出力がトークンとなってい
ます。これは、本書4.2節NLUで説明したタグ付けとしての利用パターンで、
BERTを使ってエンティティ抽出ができることを示しています。

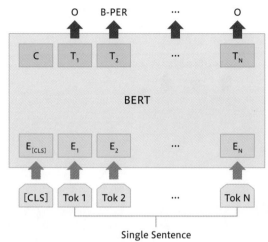

出典
『BERT: Pre-training of Deep Bidirectional Transformers for Language Understanding』（Jacob Devlin、Ming-Wei Chang、Kenton Lee、Kristina Toutanova、2019）の Figure 4（右下部分）より引用
URL
https://arxiv.org/abs/1810.04805

図5.5.8 タグ付けの利用時

## ● QA型

最後に紹介するQA型は、ベースとなるテキストと質問文を入力として与え、質問に対する正解を抽出するタスクとなります。例えば、以下のようなケースが具体例です。

**[テキスト]**

```
In meteorology,
precipitation is any product of
the condensation of atmospheric water
vapor that falls under gravity.
（気象学では、降水は重力によって大気中の水蒸気が凝縮したものが降ることです。）
```

**[質問文]**

```
What causes precipitation to fall?
（降水の原因は何？）
```

**[回答]**

```
gravity
（重力）
```

BERTはこのような問題にも対応できます。その場合のモデル構成は、 図5.5.9
のようになります。

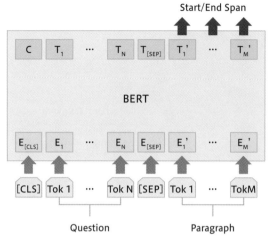

出典
『BERT: Pre-training of Deep
Bidirectional Transformers for
Language Understanding』（Jacob
Devlin、Ming-Wei Chang、Kenton
Lee、Kristina Toutanova、2019）の
Figure 4（左下部分）より引用
URL
https://arxiv.org/abs/1810.04805

図5.5.9 QA型の利用時

BERTのすごい点は、このように汎用的な事前学習モデルとして利用できるだ
けではなく、それぞれの利用分野において、従来の機械学習モデルで最高の精度
だったものよりも優れた精度を出していることです。

表5.5.3 にBERTのオリジナルの論文に記載されている各タスクごとの精度の
比較結果を示します。表の一番下の「BERTLARGE」と書かれた行が、それぞ
れのタスクにおけるBERTの精度となります。

表5.5.3 従来方式とBERTの精度比較結果

| System | MNLI-(m/mm) | QQP | QNLI | SST-2 | CoLA | STS-B | MRPC | RTE | Average |
|---|---|---|---|---|---|---|---|---|---|
| | 392k | 363k | 108k | 67k | 8.5k | 5.7k | 3.5k | 2.5k | - |
| Pre-OpenAI SOTA | 80.6/80.1 | 66.1 | 82.3 | 93.2 | 35.0 | 81.0 | 86.0 | 61.7 | 74.0 |
| BiLSTM+ELMo+Attn | 76.4/76.1 | 64.8 | 79.8 | 90.4 | 36.0 | 73.3 | 84.9 | 56.8 | 71.0 |
| OpenAI GPT | 82.1/81.4 | 70.3 | 87.4 | 91.3 | 45.4 | 80.0 | 82.3 | 56.0 | 75.1 |
| BERTBASE | 84.6/83.4 | 71.2 | 90.5 | 93.5 | 52.1 | 85.8 | 88.9 | 66.4 | 79.6 |
| BERTLARGE | 86.7/85.9 | 72.1 | 92.7 | 94.9 | 60.5 | 86.5 | 89.3 | 70.1 | 82.1 |

出典 『BERT: Pre-training of Deep Bidirectional Transformers for Language Understanding』
（Jacob Devlin、Ming-Wei Chang、Kenton Lee、Kristina Toutanova、2019）のTable 1より引用
URL https://arxiv.org/abs/1810.04805

　BERTLARGEの1行上のBERTBASEは、モデルの構造と学習法はBERTですが、学習量を減らした簡易型BERTです。これでも従来型のモデルよりは十分精度が高いです。

　BERTLARGEの精度を見ると、ほとんどのケースで従来のモデルと比較して段違いの高精度を出していることがよくわかります。

---

 **MEMO**

## 8つのテストケースの意味

　表5.5.3 のベンチマークで使われた8つのテストケースの概要は 表5.5.4 の通りとなります。

表5.5.4 　ベンチマークで使われた8つのテストケースの概要

| テストケース | 概要 |
| --- | --- |
| MNLI<br>(Multi-Genre Natural Language Inference) | 含意・矛盾・中立というテキスト同士の関連性を判定 |
| QQP（Quora Question Pairs） | 2つの質問が同じ意味かを判定 |
| QNLI<br>(Question Natural Language Inference) | 文章内に質問の回答が含まれているかを判定 |
| SST-2（Stanford Sentiment Treebank） | 映画のレビューを基にpositive/negativeの感情分析を行う |
| CoLA<br>(The Corpus of Linguistic Acceptability) | 文章が文法的に正しいかを判定 |
| STS-B（The Semantic Textual Similarity Benchmark） | 2つのニュース見出しの意味的類似性を判定 |
| MRPC<br>(Microsoft Research Paraphrase Corpus) | 2つのニュース記事が意味的に等価かを判定 |
| RTE（Recognizing Textual Entailment） | 2文章が含意関係かどうかを判定 |

---

 ### 5.5.5　最新の研究成果に基づく　　　　ニューラルネットワークモデル

　このように画期的な能力を持つBERTですが、その内部の仕組みはどのようになっているのでしょうか？　BERTは最先端のニューラルネットワーク研究の成果が数多く組み込まれていて、これを説明しようとすると、それこそ1冊の本が

できてしまうくらい奥の深い話になります。

ここでは、そのポイントとなる考え方の一端だけ紹介する形にします。

## ● 双方向性

BERTを特徴付けているキーワードの1つが双方向性[※2]です。従来RNNやLSTMといった時系列データに対応したニューラルネットワークでは、時間に関するノード間の関係性は一方向のみでした。BERTでは、 図5.5.10 のように双方向に関係を持てるようになり、これによってモデルの能力が高くなりました。

双方向性の説明をする前に、5.4節で紹介したWord2VecとBERTの違いについて「文脈」という観点で説明します。

例えば、"bank"という単語を考えてみます。この単語には「銀行」という意味と「土手」という意味があります。Word2Vecで単語"bank"を分析すると、単語の字面だけでは2つを区別することはできず、結果的に2つの意味の混ざったベクトルが生成されます。このような分析方法をcontext-free（文脈無視）であるといいます。

これに対して、単語のつながりを意識して分析をする手法をcontextual（文脈依存）といいます。contextualなモデルでは、同じ"bank"という単語であっても、"bank account（銀行口座）"と"bank of the river（川の土手）"を区別することが可能です。

自然言語をより正確に理解するためにはcontextualなモデルのほうがよいことは明らかです。しかし、従来のcontextualなモデルは、単方向でしか文脈を把握できなかったのです。例えば"I accessed the bank account."という文を考えます。

単方向の文脈理解の場合、"I accessed the"から"bank"を関連付けるという形になります。同じ例文を双方向の文脈理解にかけた場合、"I accessed the ... account."と、...の部分に入る"bank"を関連付けられます。後者のほうがより正確に文脈を理解できることは明らかです。

それでは、なぜ、今までは双方向型の文脈依存モデルが作れなかったのでしょうか？

モデルに文脈を理解させるということは、周囲の単語から該当する単語を予測させるということを意味します。しかし、双方向のディープラーニングのモデルでこの予測をしようとすると、自分自身の単語情報を元に自分を予測するという

---

※2　BERTのBはBidirectionalの略であり、これが「双方向性」を示しています。

結果になってしまうのです。これを防ぐために考え出された学習法が、上で説明した「単語当てゲーム」（Mask LM）でした。この方法がうまくいったため、はじめて双方向のcontextual（文脈依存）モデルを作ることができたのです。

図5.5.10 にBERTとそれ以前の文脈依存型モデルの構成を示します。OpenAI GPTと呼ばれるモデルは、文脈依存ですが完全な単方向型です。ELMoと呼ばれるモデルが双方向の要素を取り入れてはいますが、最上位ノードで実装しているだけなので、効果があまり高くありません。それに対して一番左のBERTは完全な双方向型の結合になっていることがわかると思います。

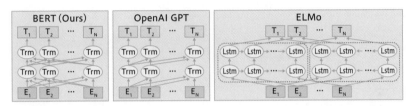

図5.5.10 BERTの構成

出典 『BERT: Pre-training of Deep Bidirectional Transformers for Language Understanding』（Jacob Devlin、Ming-Wei Chang、Kenton Lee、Kristina Toutanova、2019）のFigure 3より引用

URL https://arxiv.org/abs/1810.04805

## ● 注意機構とTransformer

BERTのニューラルネットワークは、Transformer[※3]と呼ばれる仕組みに基づいて構成されています。Transformerの基本的な原理は注意機構（Attention）と呼ばれる仕組みに基づいているので、まず注意機構の説明を行います。

注意機構（Attention）は、従来時系列データの分析で使われていたRNNやLSTMといったモデルの代替になるものです。

もともとは、機械翻訳用のモデルを作るにあたって、翻訳前の文（例えば「吾輩は猫である」）の特定の単語「吾輩」が翻訳後の文（例えば「I am a cat」）の「I」と対応することを行列積計算だけで示すために作られたモデルでした。

---

※3　BERTのTは Transformers を表しています。

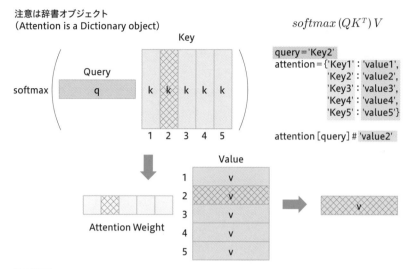

注意は辞書オブジェクト
(Attention is a Dictionary object)

$softmax\,(QK^T)\,V$

Key

Query

softmax

q

k k k k k

1 2 3 4 5

query = 'Key2'
attention = {'Key1' : 'value1',
　　　　　　　'Key2' : 'value2',
　　　　　　　'Key3' : 'value3',
　　　　　　　'Key4' : 'value4',
　　　　　　　'Key5' : 'value5'}

attention [query] # 'value2'

Value

1　v
2　v
3　v
4　v
5　v

Attention Weight

v

**図5.5.11** 注意機構の構成

出典　ディープラーニングブログ：論文解説 Attention Is All You Need (Transformer) より引用
URL　http://deeplearning.hatenablog.com/entry/transformer

　図5.5.11 を見てください。これが2017年に発表された論文『Attention Is All You Need』( URL https://arxiv.org/pdf/1706.03762.pdf) の中で示されている注意機構の仕組みを模式的に示したものです。注意機構で重要なのは「query」「Key」「Value」の概念です。

　ここで、queryは問い合わせに該当するベクトル、KeyとValueはそれぞれ学習によってできた行列です。queryとKeyの行列積を計算することで、行列Valueのうち、どの行に注意（attention）するかを計算します。そして、attentionとValueの行列積により、queryが示す特定のKeyに対応する値（value）をValueという行列の中から選び出す操作をします。いわゆるkey-value型の検索を行列積だけで実現できるようにしたのです。

　注意機構はもともとは機械翻訳を目的として作られた仕組みでしたが、入力テキストと出力テキストを同一にすることで、テキスト内の単語間の関係を分析できることもわかりました。このように入力と出力が同一の注意機構を自己注意機構と呼びます。

　上記論文の中から、自己注意機構がどのような関係性を見いだしているかの例を示します。

[例文]

```
It is in this spirit that a majority of American ➡
governments have passed new laws since 2009 making the ➡
registration or
voting process more difficult.
```

[翻訳例]

米国の大多数の政府機関が2009年以降新法を可決しており、登録や表決のプロ➡
セスをより難しくしているのはこの精神にある。

　図5.5.12 を見るとわかるように、上の例文を自己注意機構で分析すると、makingという単語に対してmoreやdifficultといった単語が深い関連を持っていることがわかります。

　図5.5.13 にもう一例、自己注意機構による例を示します。ここで、学習後にモデルに入力されたテキストは、以下の文です。

[例文]

```
The Law will be perfect, but its application should ➡
be just - this is what we are missing, in my opinion.
```

[翻訳例]

法律は完璧になるだろう。だが、恐らくその適用は公正になるはずだ。私見だが、➡
これが我々に欠けている点だ。

　itsという単語に対する自己注意機構の結果、itsの参照元のLawと、itsの修飾語のapplicationが、きれいに参照されていることがわかります。

　Transformerとは、この自己注意機構（self attention）の1つです。BERTはTransformerにより構成されたニューラルネットワークということになります。

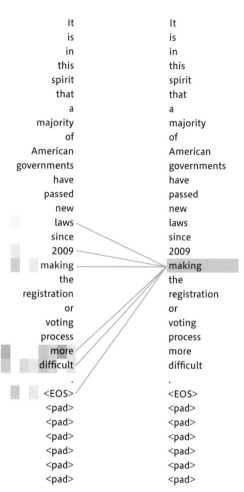

**図 5.5.12** 単語 making と関連付いている単語を示した例

出典 『Attention Is All You Need』（Ashish Vaswani、Noam Shazeer、Niki Parmar、Jakob Uszkoreit、Llion Jones、Aidan N. Gomez、Łukasz Kaiser、Illia Polosukhin、2017）の Figure 3 より引用

URL https://arxiv.org/pdf/1706.03762.pdf

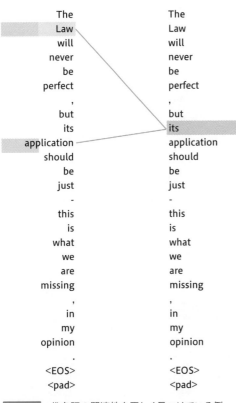

出典 『Attention Is All You Need』（Ashish Vaswani、Noam Shazeer、Niki Parmar、Jakob Uszkoreit、Llion Jones、Aidan N. Gomez、Łukasz Kaiser、Illia Polosukhin、2017）のFigure 4より引用

URL https://arxiv.org/pdf/1706.03762.pdf

## 5.5.6 事前学習モデルの利用

　BERTを実際に利用する場合、事前学習をするのには、非常に多くの計算機資源を必要とする[※4]ので、事前学習済みモデルを利用することがほぼ必須です。本書執筆時現在、利用可能な日本語の事前学習済みモデルとしては、以下のようなものがあります。

---

※4　2種類の事前学習済みモデルのうち、性能の高いBERT_LARGEモデルの場合、16並列のTPU（ディープラーニング用に最適化したGPUより性能の高いチップ）で学習に4日かかります。

- **BERT with SentencePiece for Japanese text./yohheikikuta**
  URL  https://github.com/yoheikikuta/bert-japanese

- **BERT日本語Pretrainedモデル　京都大学　黒橋・河原研究室**
  URL  http://nlp.ist.i.kyoto-u.ac.jp/index.php?BERT日本語Pretrainedモデル

　ここで注目すべきは、一番最初のリンク先のモデルです。このモデルでは、この本で幾度も説明してきた日本語形態素解析に、従来から使われていたものでなく、Sentencepieceと呼ばれるものを使っているのです。これは、ニューラルネットワーク処理に特化した形態素解析エンジンで、従来の主流だった辞書による形態素解析を一切行わず、統計処理のみで形態素解析をしています。本書で一貫して主張している話と相反するのですが、最新技術の方向性としてこういう考えもある点を紹介しておきます。

APPENDIX

**1**

# 実習で利用する
# コマンド類の導入

本書では、実習は原則としてすべて Jupyter Notebook 上の Python で実施しますが、一部コマンドラインから実行する部分もあります。そのために必要な手順を当付録でまとめて説明します。

# AP1.1 実習で利用するコマンドを導入する

Xcode Command Line Toolsとhomebrewの導入方法を紹介します。

## AP1.1.1 Xcode Command Line Toolsの導入

Xcode Command Line ToolsはOSSのビルド（ソフトウェアをソースコードからコンパイルすること）で必要になる場合があります。本書でも必要なケースがあるので、事前に導入しておきます。

コマンドラインから次のコマンドを実行します。

[ターミナル]

```
$ xcode-select --install
```

図AP1.1.1 のような画面が出るので、「インストール」をクリックして導入を行います。

図AP1.1.1 メッセージ画面

## AP1.1.2 homebrewの導入

HomebrewはmacOS用のパッケージ管理システムで、本書の中でも様々なOSSの導入時に利用しています。そのため、事前に導入しておくようにしてください。

次のコマンドをターミナルから実行します。

**[ターミナル]**

```
$ /usr/bin/ruby -e "$(curl -fsSL https://raw. ⇒
githubusercontent.com/Homebrew/install/master/install)"
```

　途中で [Enter] キーの入力とインストールユーザーの OS パスワードの入力を求められるので、それぞれに答えて導入を進めます。

　導入が終わったら、次のコマンドで正しく導入できたことを確認します。

**[ターミナル]**

```
$ brew -v
```

# Jupyter Notebook の導入手順

本書では、全体を通じてmacOS上でJupyter Notebookを使うことを前提としています。この付録では、Anacondaを利用して、macOS上でJupyter Notebookを導入するための手順を説明します。

# Jupyter Notebookの環境を準備する

Jupyter Notebookの環境を準備しましょう。

## ● Jupyter Notebookの導入

次のURLをブラウザから入力します。

**[ブラウザ]**

```
https://www.anaconda.com/distribution/
```

図AP2.1.1の画面が出てくるので画面右上の「Download」をクリックします。

図AP2.1.1 「Download」をクリック

「macOS installer」となっていることを確認した上で、`Python 3.7 version`の「Download」をクリックします（図AP2.1.2）。

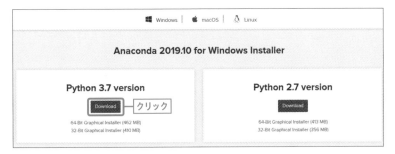

図AP2.1.2 「Download」をクリック

ダウンロードが完了したら、ダウンロードしたファイルをダブルクリックして起動します。

「このパッケージは、ソフトウェアをインストールできるかどうかを判断する
プログラムを実行します。」というメッセージが表示されるので、「続ける」をク
リックします。

図AP2.1.3の画面が出てきたら、「続ける」をクリックします。

図AP2.1.3 「続ける」をクリック

「大切な情報」（図AP2.1.4）、「使用許諾契約」（図AP2.1.5）も同じく「続ける」
をクリックしてください。

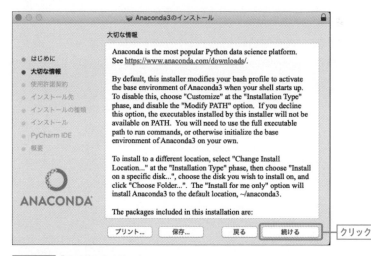

図AP2.1.4 「続ける」をクリック

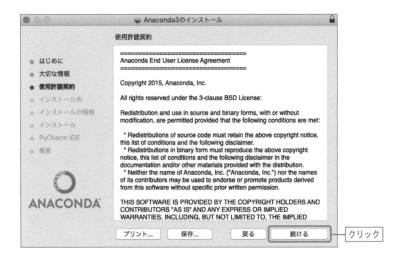

図AP2.1.5 「続ける」をクリック

　　図AP2.1.6の画面が出
てきたら「同意する」
をクリックします。

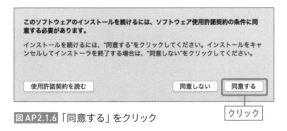

図AP2.1.6 「同意する」をクリック

　図AP2.1.7の画面に対しては「インストール」をクリックします。

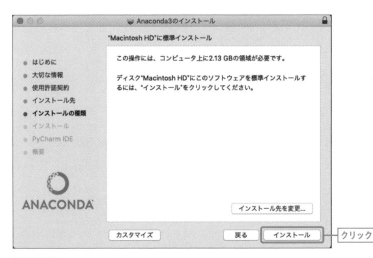

図AP2.1.7 「インストール」をクリック

A2 Jupyter Notebookの導入手順

図AP2.1.8の画面でも「続ける」をクリックします。

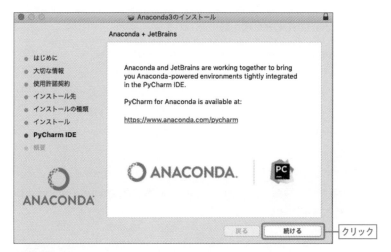

図AP2.1.8 「続ける」をクリック

図AP2.1.9の「インストールが完了しました。」の画面では「閉じる」をクリックします。

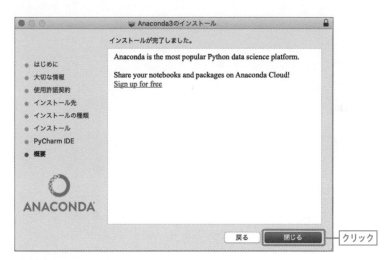

図AP2.1.9 「閉じる」をクリック

「"Anaconda3"のインストーラをゴミ箱に入れますか？」という画面が出てくるので、「ゴミ箱に入れる」を選択します。

以上で導入は完了です。

## ● Jupyter Notebookの起動

Jupyter Notebookを起動するには、導入に使ったターミナルをいったん閉じて新しいターミナルを開いた上で、次のコマンドを実行してください。

[ターミナル]

```
$ jupyter notebook
```

図 AP2.1.10 のような画面が表示されますので、読み込みたいJupyter Notebookファイルのあるパスに移動して、`ipynb`という拡張子のJupyter Notebookのファイルを開いて利用します。

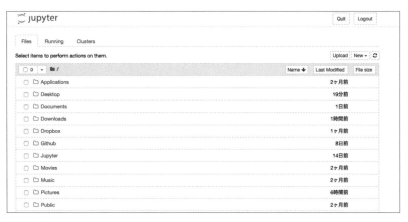

図 AP2.1.10 Jupyter Notebookを開く

## ● Jupyter Notebookの終了

Jupyter Notebookを終了する場合は、Jupyter Notebookを起動したターミナルをアクティブにした上で、[Ctrl] + [C] キーを押します。

**APPENDIX 3**

# IBM クラウドの
# 利用手順

IBMクラウドへのサインイン（ユーザー登録）、サービスの登録などの手順
を説明します。

# AP3.1 IBMクラウドへのサインイン（ユーザー登録）

IBMクラウドへのサインイン（ユーザー登録）手順を示します。ここで紹介する
ライトアカウントはクレジットカード不要で無期限で利用できるアカウントです。
簡単にできますので、これを機会にぜひユーザー登録をしてください。

● **IBM Cloud：サインイン用 URL**

　URL　https://cloud.ibm.com/

上記の IBM Cloud のサインイン用のサイトで、**図 AP3.1.1** の画面が表示された
後、画面左下の「IBM Cloud アカウントの作成」をクリックします。

**図 AP3.1.1**「IBM Cloud アカウントの作成」をクリック

IBM クラウドのアカウント ID はメールアドレスです。**図 AP3.1.2** の画面で自分
のメールアドレスを入力して、[Enter]（[Return] キー）を押します。

**図 AP3.1.2** メールアドレスの入力

メールアドレスが利用可能な場合、図AP3.1.3 のように他の入力項目が表示されるので、すべて入力します。

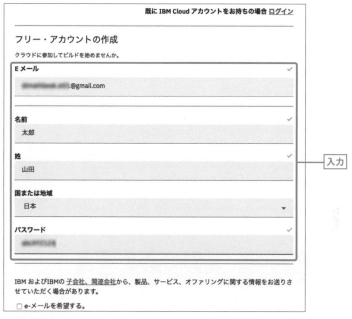

図 AP3.1.3 「フリー・アカウントの作成」の設定

図 AP3.1.4 のように、画面下方に「アカウントの作成」があるので、クリックします。

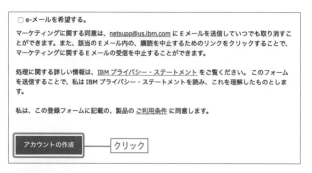

図 AP3.1.4 「アカウントの作成」をクリック

図 AP3.1.5 のような画面が表示されます。指示に従って、メールを確認します。

図AP3.1.5 「ありがとうございます。」画面

　図AP3.1.6のようなメールが届きます。この画面で「Confirm account」をクリックします。

図AP3.1.6 「Confirm account」をクリック

　図AP3.1.7の画面が表示されれば、登録に成功しています。「ログイン」をクリックしてください。

図AP3.1.7 「ログイン」をクリック

図 AP3.1.8 の画面で、先ほど登録したIDを入力して（1）、「続行」をクリックします（2）。

図 AP3.1.8 IDを入力して「続行」をクリック

図 AP3.1.9 の画面になるので、パスワードを入力して（1）、「ログイン」をクリックします（2）。

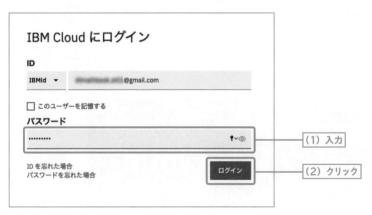

図 AP3.1.9 パスワードを入力して「ログイン」をクリック

図 AP3.1.10 のようなアカウント・プライバシーの確認画面が表示されるので、内容確認後「次に進む」をクリックします。

IBMidのアカウント・プライバシーについて

この通知は、IBMidのユーザー・アカウント（アカウント）へのアクセスに関する情報を提供します。以前にお客様がこの通知の旧バージョンを参照している場合、最新の変更点については下記の「この通知の旧バージョンからの変更」をご参照ください。

+ この通知の旧バージョンからの変更

+ IBMが収集するデータとは

+ IBMがお客様のデータを必要とする理由

+ IBMによるデータの取得方法

+ IBMによるお客様のデータの使用方法

+ IBMによるお客様のデータの保護方法

+ IBMがお客様のデータを保管する期間

お客様の権利

IBMのプライバシー・ステートメント にお客様の個人データの権利に関する詳細情報があります。また、お客様の個人データの処理方法に関するご質問やご要望がある場合の連絡先情報もあります。

同意

私は、IBMによる私の基本的な個人データの使用方法を理解したことに同意し、私の年齢が16歳以上であることを認めます。

次に進む　サインインをキャンセルする　クリック

この資料は2018年5月4日に最終更新されました。

図 AP3.1.10 「次に進む」をクリック

図 AP3.1.11 のような「IBM Cloudにようこそ」の画面になります。画面右下の「次へ」をクリックします。

IBM Cloud にようこそ

ご利用ありがとうございます。アカウントのセットアップがすべて完了しました。リソース・グループ、組織、およびスペースは既に作成されていますので、プロジェクトに関する作業をすぐに開始できます。

次へ　クリック

図 AP3.1.11 「次へ」をクリック

IBMクラウドの利用手順

図 AP3.1.12 の画面になったら、「閉じる」をクリックします。

アプリを実行するためのビルディング・ブロックとして使用できるオファリングを幅広くご用意しています。カタログに進んで、IBM Cloud の利用を始めてください。

戻る ○ ● 閉じる ───── クリック

図 AP3.1.12 「閉じる」をクリック

# AP3.2 Watsonサービスの登録

IBMクラウドでは、本書で紹介する3つのサービス以外にも非常に多くのサービスがライトアカウントで利用可能です。同じ手順で登録できますので、ぜひいろいろと試してみてください。

AP3.1節の操作がすべて終わると 図AP3.2.1 のようなダッシュボード画面になるので、画面右上の「リソースの作成」をクリックします。

なお、IBMアカウントをすでに作成済みでこのステップから始める場合は、次のリンクでダッシュボード画面を表示させてください。

● **IBM クラウドサインイン用URL（再掲）**
　URL　https://cloud.ibm.com/

クリック

図AP3.2.1 「リソースの作成」をクリック

図AP3.2.2 の画面左の「カテゴリー」から「AI」を選択すると（1）、Watsonサービスの一覧が表示されますので、導入したいサービスをクリックで選択します（2）。本書の実習で利用するサービスは、

- Discovery
- Knowledge Studio
- Natural Language Understanding

になります。

A3

IBMクラウドの利用手順

## 同時に導入できるサービス

導入するサービスは同時に1つだけです。複数のサービスを導入したい場合は、ダッシュボード画面に戻って同じ操作を繰り返します。

（2）選択するサービス

**図 AP3.2.2** 導入したいサービスを選択

例えば、「Natual Language Understanding」を選択すると **図 AP3.2.3** のような画面になります。

地域、プラン、サービス名などは必要あれば変更できますが、実習利用時はすべてデフォルトのままで問題ないので、画面右の「作成」をクリックします。

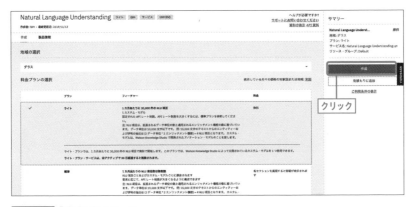

**図 AP3.2.3** 「作成」をクリック

図 AP3.2.4 のような画面になればサービス作成に成功しています。

Natural Language Understanding と Discovery 作成時には、引き続き、作ったサービスの資格情報を確認します（Knowledge Studio の場合は不要）。

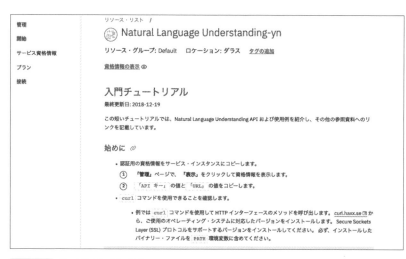

図 AP3.2.4 サービス作成に成功

⊘ ATTENTION

### リソース名の下2桁

リソース名の下2桁は、システムがランダムに採番した英数字が振られます。本書と違う名称で実習に支障はないので、気にしないでください。

# AP3.3 資格情報の取得

API利用時に必要となる資格情報を取得する方法を紹介します。

Watson APIをPythonから呼び出す場合、「資格情報」と呼ばれる認証情報を設定する必要があります。本節では、資格情報の入手手順について説明します。

以下のURLからダッシュボード画面を表示させます（図AP3.3.1）。

### ● IBM クラウドサインイン用 URL（再掲）
URL  https://cloud.ibm.com/

画面左上の「三」のアイコンをクリックします。

**図AP3.3.1** 「三」のアイコンをクリック（再掲）

図AP3.3.2のようなメニューが表示されるので、「リソース・リスト」を選択します。

**図AP3.3.2** 「リソース・リスト」を選択

「Sevices」をクリックして作成済みサービス一覧を展開します（図AP3.3.3（1））。その後で、資格情報を取得したいサービスをクリックします（2）。

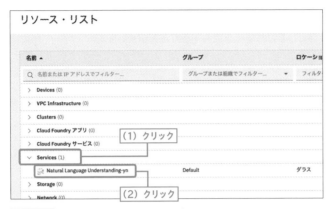

図AP3.3.3 資格情報を取得したいサービスをクリック

図AP3.3.4 の画面が表示されたら、

（1）左のメニューから、「サービス資格情報」をクリック
（2）画面右の「資格情報の表示」をクリック
（3）クリップボードアイコンをクリックして、資格情報をクリップボードに貼り付け

とします。クリップボードの情報はテキストエディターなどに貼り付けて、保存しておきます。

図AP3.3.4 （1）（2）（3）を実行

INDEX

著者プロフィール

## 赤石雅典（あかいし・まさのり）

1987年日本アイ・ビー・エムに入社。東京基礎研究所で数式処理システムの研究開発に従事する。

1993年にSE部門に異動し、主にオープン系システムのインフラ設計・構築を担当。

2013年よりスマーターシティ事業、2016年8月にワトソン事業部に異動し、今に至る。

現在は、Watson Studio / Watson OpenScaleなどデータサイエンス系製品の提案活動が主体。

いろいろな領域を幅広くやっているので、IT基盤系・アプリ開発・プログラム言語・SQLチューニングはもとよりWatsonや機械学習、ディープラーニングまで一通り語れるのが自慢。

金沢工業大学大学院　虎ノ門キャンパス客員教授「AI技術特論」講師。

著作に、『Watson Studioで始める機械学習・深層学習』（リックテレコム）、『最短コースでわかるディープラーニングの数学』（日経BP）がある。この他、雑誌やqiita（ URL https://qiita.com/makaishi2）での執筆多数。本書では第1章～第3章、第4章の一部、第5章、付録1～3を担当。

## 江澤美保（えざわ・みほ）

株式会社クレスコ。

企業向けWebポータル製品の開発、大規模事務管理の海外移管プロジェクト、決済サービスのフィールドエンジニア等を経て先端技術の法人営業に転向。2015年よりIBM Watsonに携わり、経営層へのWatson導入提案を多く経験。現在は企業のAI導入支援を手掛けるAIコンサルタント・エンジニアとして活動中。

2019年よりIBM Champion。本書では第4章を担当。

| 装丁・本文デザイン | 大下 賢一郎 |
| --- | --- |
| 装丁写真 | iStock / Getty Images Plus |
| DTP | 株式会社シンクス |
| 校正協力 | 佐藤弘文 |
| 検証協力 | 村上俊一 |

現場で使える！
Python自然言語処理入門

2020年 1月20日　初版第1刷発行
2020年 3月10日　初版第2刷発行

| 著　者 | 赤石雅典（あかいし・まさのり）、江澤美保（えざわ・みほ） |
| --- | --- |
| 発行人 | 佐々木幹夫 |
| 発行所 | 株式会社翔泳社（https://www.shoeisha.co.jp） |
| 印刷・製本 | 株式会社ワコープラネット |

ISBN978-4-7981-4268-5
Printed in Japan